아들을 잘 키우는 말은
따로 있습니다

일러두기

이 책은《아들을 잘 키운다는 것》(2017)을 근간으로 구성을 새롭게 정리하고, 내용을 보강하여 펴낸 책이다.

아들 내면의 숨겨진 가능성을 깨우는 부모의 말 50가지

아들을 잘 키우는 말은
따로 있습니다

이진혁 지음

whale books

✳

아들을 잘 키우고 싶은
세상 모든 부모에게

'지금 아들이 잘 크고 있는 걸까?'
'이렇게 아들을 가르치는 게 맞을까?'

아들을 키우면서 부모는 많은 고민을 해요. 초등 부모님들은 특히 더 아들이 학교생활에 잘 적응하는지, 공부는 잘 따라가는지, 친구들과 싸우지 않고 잘 지내는지 걱정하지요. 부모의 어쩔 수 없는 마음이에요. 사실 이런 마음은 아들에게 좀 더 신경 쓰는 동력이 되기에 염려도 어느 정도는 필요하답니다.

20여 년 넘게 교육 현장에서는 수많은 초등 아이들과 학부모님을 지켜보며, 집에서는 사춘기의 정점을 지나고 있는 두 아들을 키우며, 온·오프라인에서는 SNS와 강연을 통해 다양한 부모님과 아이들의 사례를 접하며 공통으로 떠오른 생각이 하나 있어요. 아들은 '전반전'이 훨씬 중요하다는 것이지요. 사실 부모에게 아들과 딸 키우기는 크게 다르지 않아요. 똑같이 사랑하는 자식이잖아요. 그런데 아들 키우기가 더 힘들게 느껴지는 이유는 양육의 전반전인 초등 시기에 산만한 남자아이들이 차분한 여자아이들과 비교되기 때문이에요. 남자아이들은, 그러니까 아들은 단지 커가는 모습과 과정이 다를 뿐인데 말이지요.

양육의 전반전인 초등 시기에 부모가 정성 들여 아들과 관계를 잘 형성하면 후반전인 중고등 시기에는 확실히 수월해져요. 아들은 딸과 비교해 감정선이 단순해서 행동이 그대로 눈에 보이거든요. 그래서 매번 부모가 복잡하게 머리를 쓰지 않아도 되고, 대응하기도 비교적 쉽지요. 아이 키우는 일은 아들이나 딸이나 공평해요. 전체적으로 힘듦의 정도는 같으니까요. 단지 언제 더 힘을 써야 하느냐, 시기의 문제라고 생각합니다.

아들의 가능성을 깨우는
가장 좋은 방법, '말'

처음으로 학교에 입학해서 단체 생활을 시작하는 초등 시절은 긴 인생살이에 필요한 몸과 마음의 힘, 즉 아들의 가능성을 깨우는 중요한 시기예요. 진짜 자기의 삶을 살게 하는 자존감, 혼자서도 씩씩하게 앞으로 나아가게 하는 자립심, 넘어지고 쓰러져도 결국 일어나는 역경지수, 몸과 마음의 기초를 탄탄하게 만드는 건강과 체력, 지식과 지혜의 기반을 다지는 공부력, 나를 돌보고 남을 배려하는 자기 관리와 리더십, 감정의 주파수를 현명하게 맞추는 감정 조절 능력, 다른 사람의 마음을 충분히 알고 보듬는 공감력, 나를 둘러싼 환경과 잘 지내는 사회 정서 역량, 옳고 그름을 구분하는 도덕성….

이처럼 부모가 아들의 열 가지 가능성을 깨우고, 또 키워줄 수 있다면 아들은 스스로 성장하는 동력을 갖게 될 거예요. 그러기 위해서 부모는 무엇을 해야 할까요? 어떤 마음가짐으로 어떤 말을 해줘야 할까요? 이렇게 두 가지 질문에서 이 책은 시작되었어요. 부모는 아들을 잘 키우기 위해 무엇이든 하려고 하고, 무엇이든 할 준비가 되어 있는데, 그중에서 가장 일상적이고 곧바로 실천 가능한 방법이 바로 '말'입니다.

말과 잔소리,
아들 부모의 이상과 현실 사이

말로써 아들의 가능성을 깨우고, 또 키워주고 싶은 부모의 이상은 담대하지만, 현실은 절대 녹록지 않아요. 부모와 아이 사이에는 갈등이 존재할 수밖에 없기 때문이지요. 잘 키우고 싶은 부모의 마음과 내 마음대로 하고 싶은 아들의 마음은 늘 충돌하니까요. 초등 아들은 아직은 노는 게 제일 좋은 뽀로로예요. 그런데 부모는 그런 뽀로로에게 앉아서 공부하는 습관을 들여줘야 해요. 어디 공부뿐인가요. 다른 많은 일에서 갈등이 일어나요. 숙제, 일기, 독서록 등 당연히 해야 하는 일도 미루고 싶어 하는 마음, 밤늦게까지 자기 싫어서 딴짓하는 모습, 매일 청소하고 정리해줘도 어지럽기만 한 방의 전경, 씻으러 갈 때 뱀이 허물을 벗듯 동선에 놓인 옷가지, 방은 물론 거실까지 침투한 물건과 장난감 등 아들에게는 일상에서 교육해줘야 할 것이 아주 많아요.

그런데 여기서 문제는 부모가 아들이 잘 크라고, 또 잘되라고 건네는 '말'을 정작 아들은 '잔소리'로 여긴다는 거예요. 가르쳐야 하는 부모의 마음과 내 마음대로 하고 싶은 아들의 마음이 충돌하는 순간에는 실랑이가 생길 수밖에 없어요. 만약 평소에 아들과 실랑이하고 있다면 지극히 정상이에요. 사실 아들을 키우면서 실랑이는 피하기 어려워요. 하지만 부모가 조금 더 고민하면 그 수위는 충분히 조절할 수 있지요.

아들을 잘 키우기 위한 부모의 노력

최대한 실랑이를 줄이면서, 아들의 가능성을 깨우고 키워주는,

바로 그 말을 건네기 위해 부모는 노력해야 해요. 아들의 진정한 성장을 바란다면 부모도 그만큼 성숙해져야 하니까요. 부모가 건네는 말이 아들에게 잘 작용하려면 어떤 노력을 기울여야 할까요?

① 인식

노력의 첫걸음은 바로 '인식'이에요. 부모로서 자기 모습과 현재 상황을 인식하는 데서부터 한 걸음 앞으로 나아갈 동력이 생기니까요. 그런데 인식은 절대 쉽지 않아요. 특정 상황에 맞닥뜨리면 그 안에 매몰되고, 또 감정에 휩싸여서 자기 모습과 상황 자체를 객관적으로 바라보기가 어렵기 때문이지요. 그래서 인식 단계에서는 자기 모습과 상황을 있는 그대로 비춰볼 거울, 즉 예시가 필요해요.

이 책은 아들 부모의 인식을 돕기 위해서 가정에서, 교육 현장에서, 온·오프라인에서 가져온 다양한 사례를 담았어요. 각각의 사례가 마치 내 아들의 모습을 보는 것처럼 생생하지요. 이런 사례를 통해 부모가 아들을 키우면서 겪을 법한 상황을 미리 간접적으로 경험해보는 것은 인식에 큰 도움이 됩니다.

② 전환

인식 이후에 부모가 해야 할 노력은 '전환'이에요. 처음부터 완벽한 부모는 없어요. 아들도 아들이 처음인 것처럼 부모도 부모가 처음이지요. 그런데 문제는 부모는 무엇이든 처음이지만 처음이 아닌 것처럼 아들을 대해야 한다는 거예요. 처음이라는 핑계를 대면서 미숙하게 내키는 대로 아들을 대하면 아들도 그렇게 내키는 대로 자랄 테니까요. 이럴 때 전환이 강력한 힘을 발휘해요.

'아, 내가 지금까지 해온 것을 고쳐야겠구나.'
'아, 지금은 이렇게 말해주는 게 더 낫겠구나.'

이런 생각이 머릿속과 마음속을 동시에 스치고 지나간다면 이미 전환 단계에 이르렀다고 볼 수 있어요. 책에 나오는 다양한 사례와 솔루션은 아들 부모인 우리가 인식을 전환하는 데 도움을 줄 거예요.

③ 내면화

마지막은 '내면화'예요. 교육학에서 많이 쓰이는 용어로, 어떤 가치와 태도가 마음속에 자리 잡는 것을 의미하지요. 인식과 전환까지는 누구나 책을 읽는 것만으로도 쉽게 할 수 있어요. 하지만 내면화는 책을 읽고 나서 반드시 따로 노력이 필요한 일이에요.

내면화를 위해 다음과 같은 방법을 권하고 싶어요. 책 속에는 다양한 사례와 아들을 잘 키우기 위해 따로 해야 할 여러 가지 말이 잘 정리되어 있어요. 우선 사례는 살펴보고 공감하는 것으로 끝내지 말고, '나라면 같은 상황에서 어떻게 할까?'라는 질문을 스스로 꼭 해보면 좋겠어요. 그리고 아들에게 말을 건넬 때는 책에 나온 말만 해주는 것이 아니라, '나라면 같은 상황에서 어떻게 말해줄까?'라고 생각하며 아들에게 건넬 나만의 말 리스트를 따로 만들어보는 거예요. 이처럼 한 발짝 더 나아갈 때 내면화는 이뤄집니다.

20여 년 이상 초등학교에서 수많은 남자아이를 만나고 가르친 선생님의 마음, 사춘기의 정점을 지나는 중인 두 아들을 키우는 아빠의 마음, 온·오프라인에서 아들 키우기를 널리 알리는 멘토의 마음을 모두 꾹꾹 눌러 담아 이 책을 썼어요. 한 글자 한 글자를 쓸 때마다 책 속의 이야기를 꼭 전하고 싶은 세상의 모든 아들 부모님의 얼굴을 떠올리면서 말이지요.

이 책의 사용법을 말씀드릴게요. 일단 커피(차)를 한 잔 준비하세요. 커피(차)를 앞에 두고 나랑 똑같은 아들을 키우는 담임 선생님과 가볍게 이야기한다는 생각으로 읽기 시작하면 내내 편안하게 읽을 수 있을 거예요. 그러고 나서 책 속의 사례를 떠올리면서 아들에게 직접 말을 건네보세요. 부모의 바로 그 말이 아들의 가능성을 깨우고 잠재력을 폭발시켜 결국 아들을 잘 키울 것입니다. 독자님의 아들이 멋진 청년으로, 멋진 남자로, 또 멋진 어른으로 자라기를 함께 응원하겠습니다. 파이팅!

✳ 한눈에 보는 책 ✳

　이 책은 총 세 개의 파트와 열 개의 챕터로 이뤄져 있어요. 각 챕터는 '도입', '사례', '부모의 말'로 구성되어 있고요. 그리고 챕터마다 다섯 개의 사례와 부모의 말을 엄선해서 실었습니다.

　첫 번째 '자존감'에서는 아들이 자기 자신을 귀하게 여기고 힘든 상황에서도 낙관할 수 있게 도와주는 자존감을 살펴보고, 이를 키워주려면 부모가 어떤 마음으로 어떤 말을 해줘야 할지 알아봅니다. 두 번째 '자립심'에서는 아들에게 자립심을 키워주기 위해 부모가 나서야 할 때, 스스로 하도록 기회를 줘야 할 때를 어떤 기준으로 판단할지 다양한 사례를 통해 고민해봅니다. 세 번째 '역경지수'에서는 아들이 인생의 가시밭길을 현명하게 헤쳐나가게 하려면 부모가 어떤 말로 격려해야 할지 살펴봅니다.

네 번째 '건강과 체력'에서는 절대 당연하지 않은 아들의 건강과 체력을 위해 부모가 구체적으로 어떻게 도와줘야 할지 알아봅니다. 다섯 번째 '공부력'에서는 성실함을 내면화할 수 있는 가장 강력한 도구로써 공부를 살펴보고, 아들이 공부하면서 성실함을 기르는 동시에 성취감도 느끼게 하려면 부모가 무엇을 해주고 어떤 말을 해줄지 함께 고민해봅니다. 여섯 번째 '자기 관리와 리더십'에서는 시간, 공간, 스마트폰, 타인과의 의사소통 등 부모로서 아들의 자기 관리와 리더십을 교육할 방법을 살펴봅니다.

일곱 번째 '감정 조절 능력'에서는 분노의 상황에서 합리적으로 화를 풀며 자기 이야기를 조리 있게 할 수 있는 아들로 키우기 위해 부모가 생각해야 할 것들을 함께 짚어봅니다. 여덟 번째 '공감력'에서는 아들이 맺는 모든 관계를 부드럽게 만들어줄 공감력을 키우기 위해 부모가 해줄 수 있는 일을 알아봅니다. 아홉 번째 '사회 정서 역량'에서는 아들을 사람과 사람 사이에 보이지 않는 선을 넘지 않는 어른으로 키우기 위해 어떤 교육이 필요한지 고민해봅니다. 마지막으로 열 번째 '도덕성'에서는 옳고 그름, 되는 것과 안 되는 것을 구분하는 힘을 아들에게 길러주기 위해 나눌 수 있는 구체적인 대화를 살펴봅니다.

각 챕터의 자세한 내용은 차례를 먼저 훑어보세요. 그러고 나서 가장 궁금한 사례부터 펼쳐보는 거예요. 물론 처음부터 끝까지 읽어도 좋고요. 읽는 방법은 독자님 재량이에요. 이야기의 흐름이 이어지는 책은 아니니, 가장 잘 맞는 방법으로 편안하게 읽어주세요.

✳ 민우와 승열이 이야기 ✳

　책장을 넘기다 보면 자주 보이는 이름이 있을 거예요. 바로 민우와 승열이에요. 어쩌면 이 책의 주인공이라고 할 수도 있지요. 책에 다양한 아이들의 사례를 담으려고 노력했어요. 많은 사례만큼 많은 이름이 필요했지요. '여러 개의 가명을 써야만 할까?' 고민하다가 결심했어요. 한두 개의 이름만 쓰기로요. 이름이 여러 개면 왠지 내 아이와는 상관없다고 생각할 수도 있지만, 한두 개라면 어차피 이 경우 아니면 저 경우라 '내 아이도 이럴 수 있겠구나'라는 생각이 들 수도 있으니까요. 그런데 하나로는 부족했어요. 왜냐하면 아이들 사이에서 벌어지는 일을 설명하려면 최소한의 상대방이 있어야 하니까요. 그래서 민우와 승열이, 두 개의 이름으로 책 속의 사례를 정리했습니다.

민우와 승열이는 제가 복수해야 하는(!) 친구들 이름이에요. 민우는 대학 시절 룸메이트였는데, 청소를 정말 안 했어요. 방을 너무 더럽게 써서 지층에서 볼 법한 퇴적층을 방에서 볼 수 있을 정도였지요. 물론 민우는 아직도 "네가 더 더러워"라고 하지만요. 승열이는 고등학교와 대학교 친구로, 함께 교직에 나와서 같은 학교에서 근무한 적도 있어요. 승열이는 종종 저에게 장난을 치고 성공하면 다른 친구들에게 자랑했어요. "진혁이 어제 나한테 낚였다!" 그래서 승열이도 소소한 복수의 대상이에요.

복수해야 할(!) 친구들이지만 나름의 장점도 있어요. 민우는 교과서를 쓰고, 승열이는 주변 사람들에게 인기가 많아요. 청소를 안 하는 민우는 공부하는 것만큼은 좋아하고, 장난을 잘 치는 승열이는 주변 사람들을 잘 배려하지요. 책임감도 있고요. 제가 왜 이런 이야기를 하는지 혹시 눈치를 채셨나요? 민우와 승열이처럼 우리의 아들에게도 각각 장단점이 있습니다. 책장을 넘기면서 '아들이 단점을 극복하도록 어떻게 도와줄 수 있을까?'를 생각하고, '어떻게 하면 장점을 더 키워줄 수 있을까?'를 고민한다면 아들의 성장을 조금 더 이끌어줄 수 있을 거예요.

앞으로 민우와 승열이가 나올 때마다 내 아들이 이미 겪었을 수도 있고, 어쩌면 겪을 수도 있는 일들을 머릿속에 떠올리면서 부모로서 어떻게 조력해야 할지 생각하는 시간을 가진다면 한 걸음 더 세련되고 노련한 '아들 부모'가 될 수 있을 거예요. 민우와 승열이는 내 아들을 비춰 볼 수 있는 거울이기 때문입니다.

차례
✳

Part 1
스스로를 당당하게
책임질 아들로 키우는 말

✳ Chapter 01

자존감
진짜 자기의 삶을 살게 하는 힘

Chapter 02 ✳ 자립심
혼자서도 씩씩하게 앞으로 나아가게 하는 힘

Chapter 03 ✳ 역경지수
넘어지고 쓰러져도 결국 일어나는 힘

Part 2
주도적으로 현명하게 배우고
익힐 아들로 키우는 말

Chapter 04 건강과 체력
몸과 마음의 기초를 탄탄하게 만드는 힘

Chapter 05 공부력
지식과 지혜의 기반을 다지는 힘

Chapter 06 자기 관리와 리더십
나를 돌보고 남을 배려하는 힘

Part 3
사람들과 건강하게 관계를 맺으며
살아나갈 아들로 키우는 말

Chapter 07 감정 조절 능력
감정의 주파수를 현명하게 맞추는 힘

Chapter 08
공감력
다른 사람의 마음을 충분히 알고 보듬는 힘

사회 정서 역량

Chapter 09

나를 둘러싼 환경과 잘 지내는 힘

도덕성

Chapter 10

옳고 그름을 구분하는 힘

Part
1

스스로를
당당하게
책임질

아들로
키우는 말

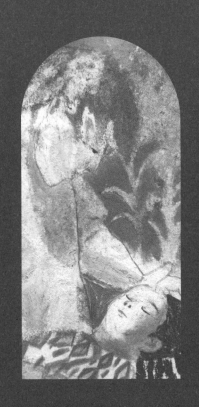

자존감
진짜 자기의 삶을 살게 하는 힘

요즘 같은 시대일수록 자신을 존중하는 마음을 갖는 것은 중요한 일이에요. SNS로 인해 수많은 사람과 나를 비교하게 되는 환경, 저성장 시대의 불투명한 미래… 자신을 존중하는 마음이 없다면 흔들리는 상황이 찾아올 때 주저앉고 싶은 마음이 들 수도 있으니까요. '다른 사람들은 다 잘 사는데 왜 나만 이렇지?'라는 마음 대신에 '나도 해낼 수 있어'라는 마음을 가진 심지가 굳은 어른. 아들이 이렇게 자라도록 도와주려면 우리는 부모로서 무엇을 고민해야 할까요? 아들이 경쟁에서 낙담할 때, 누군가의 지적에 고개를 떨굴 때, 친구와 비교할 때, 어떤 일에서 원하는 결과가 나오지 않았을 때… 순간순간마다 부모는 옆에서 아들의 버팀목이 되어줘야 합니다. 부모로부터 인정과 지지를 받은 아들은 세상을 헤쳐나갈 '자존감'이라는 무기를 가지게 될 테니까요.

경쟁의 재해석이
필요한 순간

　　남자아이들은 경쟁을 통해 자신이 다른 아이들보다 우월하다
는 사실을 확인하고 싶어 합니다. 집단에서 자신의 존재감을 드러
내고자 하는 마음을 갖고 있거든요. 그래서 항상 경쟁에서 이기
기 위해 노력하는 남자아이들을 주변에서 자주 볼 수 있지요. 언젠
가 학교에서 쉬는 시간에 남자 화장실에서 웃지 못할 광경을 목격
한 적이 있어요. 웅성거리는 소리가 들려와 화장실에 들어서니 아
이들이 한곳에 모여서 환호성을 지르고 있더라고요. 그야말로 가
관이었습니다. 몇몇이 변기에서 제법 떨어진 채로 오줌을 싸고 있
었지요. 누구 오줌이 더 멀리 나가나 시합을 하는 것이었어요. 요
즘 같으면 학교 폭력이나 성 관련 사안으로 엮일 수도 있어 지도가
필요한 상황이었지만, 당시에는 혼낼 수도, 혼내지 않을 수도 없는

난감한 상황으로 주의만 주고 넘어갔던 기억이 나네요. 그래도 화장실에서 일어나는 일은 약과입니다.

체육 시간에 운동장으로 나가는 모습을 보면 더 대단하거든요. 체육 시간 직전 쉬는 시간에 선생님이 말해요. "자, 쉬는 시간에 운동장에 나가 있어도 좋아요." 남자아이들은 말이 떨어지기가 무섭게 너 나 할 것 없이 재빨리 뛰어나갑니다. 조금이라도 먼저 나가서 앞자리에 서겠다고 기를 쓰지요. 가끔 체육 시간에 이어달리기라도 하는 날에는 체육 대회만큼 운동장이 시끄러워집니다. 응원하는 소리가 하늘을 찌르거든요. 이어달리기 도중 자기편이 추월하거나 추월을 당할 때, 아이들의 표정은 정말 비장합니다.

남자아이들은 경쟁의 화신이에요. 무엇이든지 경쟁하려고 하거든요. 화장실에서도, 운동장에서도, 교실에서도 남자아이들은 경쟁하지요. 누가 축구를 잘하는지, 누가 게임을 잘하는지, 누가 공부를 잘하는지, 누가 싸움을 잘하는지 남자아이들의 세계에서는 서열이 정해져 있습니다. 아들에게 한번 물어보세요. "너희 반에서 누가 축구를 제일 잘해?" 아들은 바로 대답해줄 거예요. 그만큼 남자아이들에게 경쟁은 일상입니다. 경쟁을 통해 남자아이들은 자기들만의 세계를 만들어나가니까요.

부모는 남자아이들의 이런 특성을 잘 알아차려야 합니다. 자존감에 영향을 미치기 때문이지요. 만약 아들이 무언가를 잘해서 친구들에게 인정을 받는다면 자존감에 좋은 영향을 받을 것입니다. 이런 경우는 걱정할 필요가 없지요. 하지만 반대의 경우는 아들의 마음이 다칠 수도 있습니다. 경쟁으로 인해 자존감에 손상을 입을 수도 있으니까요. 또래와의 경쟁에서 우위를 점하지 못한 아들에게는 마음을 어루만져줄 부모가 필요합니다. 부모는 자동차의 범퍼처럼 아들에게 오는 충격을 줄여줄 수 있거든요.

> **아들이 낙담할 때 부모가 도와주는 방법**
>
> • 수학 문제를 잘 못 풀었을 때
>   → 진도에 맞춰서 수학 공부를 도와주기(특히, 연산)
>
> • 수행 평가를 못 봤을 때
>   → 학교에서 배운 내용을 함께 복습하기
>
> • 줄넘기, 축구 등 운동을 못해서 비교할 때
>   → 방과 후나 주말에 시간을 내어 함께 운동하기

만약 아들이 또래와의 경쟁으로 힘들어한다면 어떻게 해야 할까요? 경쟁에서 이길 수 있도록 독려해야 할까요? 그러면 아들이 괜찮아질까요? 사실 아들이 모든 경쟁에서 이기기란 거의 불가능합니다. 사람으로서 각자 가진 기질과 능력이 다르기 때문이지요. 그렇다고 포기하거나 체념하도록 가르치라는 것은 아닙니다. 그보다는 각자의 다름을 인정하고 나름대로 최선을 다하는 마음을

심어주자는 것이지요. 아들이 경쟁에서 졌을 때는 겸허하게 인정하도록 도와줘야 합니다. 그렇지 않으면 아들의 마음속에서는 시기와 질투심이 자라날 테니까요. 경쟁에서 이긴 친구를 존중하고, 스스로 노력해야겠다는 마음을 길러줘야 해요. 또 아들이 가장 잘할 수 있는 것이 무엇인지 일깨워주는 일도 필요합니다.

오래전 당시 초등 1학년이던 아들이 잔뜩 풀이 죽어서 집에 들어온 적이 있어요. 기운이 없고 기분도 별로 좋아 보이지 않았지요. 왜 그런지 궁금해서 물었더니 이렇게 말하더군요.

"아빠, 민우는 책을 술술 잘 읽는데, 저는 너무 더듬더듬 읽어서 속상해요. 그리고 민우는 그림도 되게 잘 그려요. 저는 하나도 못 그리는데요."

어떻게 대답해줘야 할지 정말 난감했습니다. 잘하는 친구와 못하는 자신을 비교하면 위축될 수밖에 없으니까요. 아들의 마음을 잘 다독여줘야 하는데, 어떻게 이야기를 풀어갈지 고민스러웠어요. 곰곰이 생각하다 지금은 연습하지 않아서 그런 거라고, 연습하면 너도 충분히 잘할 수 있다고 이야기했지요. 달리기는 잘하지 않느냐고, 아이가 잘하는 다른 것도 덧붙여 상기시켰습니다. "그렇게 했더니 아들의 표정이 무척 밝아졌어요"라고 말할 수 있다면 얼마나 좋을까요? 아들은 제 말을 듣고도 계속 뾰로통한 표정을 짓고 있었습니다. 그러더니 조금 놀다가 혼자서 책을 읽더군요. 그것도 크게 소리 내어 말이지요. 책 읽는 연습을 하는 것이었어요. 다소 낙담하기는 했지만, 자포자기하지는 않았습니다.

물론 아이마다 기질이 다르기에 이런 상황에서 금방 풀리는 아이도 있고, 낙담하는 기간이 오래가는 아이도 있어요. 아이가 너무 심하게 낙담하고 자포자기한다면 부모의 끈기 있는 도움이 필요합니다. 당장 해결되지 않는 문제에는 부모의 세심한 마음 씀씀이도 필요하고요. 풀 죽은 아이의 기분을 전환하기 위해 아이가 특별히 좋아하는 것을 해주기도 하고, 아이가 자신을 가치 있게 느낄 수 있도록 아이가 잘하는 것을 찾아 칭찬해주기도 해야 하지요. 무엇보다 낙담의 순간에 부모는 아들의 안식처가 되어줘야 합니다. 아들이 친구들과 자신을 비교하며 낙담한다면 달래주기도 해야 하고, 경쟁에서 뒤처졌다면 마음을 토닥여주기도 해야 해요. 부모의 따뜻한 말 한마디는 아들에게 커다란 힘이 되어주기 때문입니다.

"대신에 넌 다른 걸 잘하잖아."

또래 집단에서의 서열. 남자아이들은 누가 무엇을 잘하는지 귀신같이 알아요. 줄넘기는 누구, 수학은 누구, 축구는 누구… 아들은 친구가 잘하는 무언가를 보면서 한없이 부러워하거나 자신을 낮춰 생각하게 될 수도 있어요. 이때 아들에게 꼭 말해주세요. 사람마다 잘하는 것이 다르고, 아무것도 못하는 아이는 없다고요. 그리고 무언가를 잘하고 싶다면 지금은 못하더라도 꾸준히 연습할 수 있도록 독려하는 일도 필요해요. 일단은 아들이 자신에게 실망하는 일을 막아주세요.

남보다는 나,
결과보다는 과정

초등 5학년 민우는 학교에서 주최하는 음악 경연 대회에 나가 게 되었어요. 평소에도 리코더 연주를 좋아했던 민우는 혼자서 '텔 레만 리코더 소나타 바장조 2번 1악장'의 악보를 찾아 동영상을 보면서 열심히 연습했어요. 천둥벌거숭이 아들이 혼자서 연습을 하다니 엄마 눈에는 그저 대견할 따름이었지요. 한 달가량을 열심 히 연습한 끝에 맞이한 대회, 민우는 선생님과 친구들 앞에서 그동 안 갈고닦은 솜씨를 뽐냈습니다. 그런데 이게 웬일이에요? 혼자서 연습했는데, 민우가 은상을 탄 거예요. 최우수상, 금상, 은상, 동상, 장려상 중에 무려 은상을 말이지요. 신이 난 민우는 상장을 들고 신나서 집에 왔어요. 자랑스러운 얼굴로 엄마에게 외쳤습니다.

"엄마, 저 은상 탔어요! 이것 좀 보세요."

"잘했어", "수고했어, 우리 아들" 같은 말을 기대했던 민우. 엄마의 입에서 나온 뜻밖의 한마디에 민우의 표정은 이내 어둡게 변했지요.

"민우 은상 탔구나. 최우수상이랑 금상은 누가 탔어?"

엄마로서는 최우수상이나 금상을 누가 탔는지 궁금한 마음이 들었을 수도 있어요. 그래도 일단은 먼저 아들의 기쁜 마음을 알아주면서 "잘했다"라고 먼저 격려해줘야 하는데 말이지요. 비단 대회뿐만 아니라 수행 평가를 치른 다음에도 민우 엄마 같은 반응을 간접적으로 목격할 수가 있어요. 학교에서 수행 평가를 보면 아이들에게 결과를 알려주거나 수행 평가지를 집으로 보내 부모님 사인을 받아 오라고 하는데, 수행 평가 결과를 알려준 다음 날 아이들과 이야기를 하다 보면 이런 상황이 종종 벌어집니다.

"선생님, 우리 엄마가요, 다른 아이들은 몇 문제 맞혔냐고 물어봤어요."
"선생님, 우리 엄마는요, 저한테 왜 민우보다 하나 더 틀렸냐고 뭐라고 했어요."

물론 이렇게 말하는 아이도 있어요.

"선생님, 우리 엄마는요, 잘했다고 칭찬해줬어요."

남보다는 나에게 집중하도록 도와주기

학교에서 아이들의 말을 귀 기울여 들어보면 평소에 가정에서 아이를 어떻게 대하는지 살펴볼 수 있어요. 여기서 안타까운 사실은 많은 부모님들이 내 아이를 다른 아이와 사사건건 비교한다는 거예요. 내 아이의 결과뿐만 아니라 다른 아이의 결과까지 궁금해하는 부모님들이 의외로 정말 많거든요. 아이가 수행 평가에서 만점을 받았는데도 칭찬은커녕 같은 반에서 만점이 몇 명 나왔는지 확인하는 분도 있고요. 내 아이에게 집중하지 못하고 다른 아이와 비교하면서 내 아이를 보려고 하는 부모님들을 마주하면 안타까운 마음만 듭니다. 아직 초등학생이니까요.

부모가 비교하면 할수록 아들의 자존감은 떨어질 수밖에 없습니다. 비교하는 말이 유쾌한 말은 아니니까요. 아들이 자신을 가치 있게 생각하고 자부심을 느끼도록 도와줘야 하는데, 비교를 당한 아이는 자신에게 집중하기가 어려워요. 칭찬을 해줘도 부족한 상황에서 더 잘한 친구와 비교하는데, 아들의 자존감을 충분히 키워줄 수 있을까요? 혹시라도 마음속에서 비교의 화신이 꿈틀댄다면 비교가 좋지 않다는 사실을 분명히 인식하고 경계해야 합니다.

'나는 ○○보다 공부를 못해.'
'나는 ○○보다 줄넘기를 못해.'

아들이 마음속에서 끊임없이 되뇌는 비교하는 말은 결국 '나는 안 돼'라고 생각하게 만들어요. 이렇게 자존감이 떨어진 아들은 무엇이든 하려는 의욕이 사라질 뿐만 아니라 학습에서도 흥미를 잃어버리게 될 가능성이 큽니다. 부모가 자극을 받아서 좀 더 열심히 해보라는 의도로 건넨 말 한마디에 아들의 마음이 요동을 치는 것이지요. 부모라면 "너보다 잘한 친구는 몇 명이야?", "다 맞힌 친구는 누구누구야?"라고 묻고 싶을지도 몰라요. 하지만 그런 말은 입 밖으로 나오기 전에 목에서 꿀꺽 삼켜줘야 합니다.

"열심히 연습했어?"
"네 생각에 충분히 노력한 것 같아?"

비교하는 말 대신 조바심을 버리고 아들이 자신의 노력에 집중할 수 있도록 해주는 것이 자존감을 위해서는 더 나은 선택이에요. 아들이 자신의 노력에 집중할 수 있도록 부모가 마음을 모아준다면 아들은 시나브로 자존감을 키워나갈 수 있을 테니까요.

결과보다는 과정에 집중하도록 도와주기

어떤 형태든 아들이 시험을 볼 때 부모가 결과에 대한 강박을 심어주면 아들이 위축될 수 있어요. 물론, 결과에 따른 목표 의식을 심어주는 것은 좋아요. 하지만 우리는 부모로서 반드시 강박과 목표 의식을 구분해야 합니다.

"꼭 100점을 받아야 해." vs. "열심히 했으니까 잘될 거야."

좋은 결과만 놓고 보면 비슷해 보이지만, 엄연히 다른 말이에요. 전자는 "꼭 ~해야 해"라며 압박하는 말이고, 후자는 '좋은 결과에 대한 기대'를 담은 말이니까요. 일단은 결과에 대해 말은 하되, 너무 집착하지 않아야 해요. 결과보다 훨씬 중요한 것은 과정에서 길러지는 아이의 태도거든요. 하루하루 실행하는 과정이 쌓여야 아이의 내공이 점점 깊어지니까요. 그래서 그날그날 아들이 열심히 한 태도에 대해서 격려를 해주는 것은 많은 도움이 됩니다.

초등학생 때는 덜하지만 점차 학년이 올라가고 중고등학생이 되면서 공부 결과에 대한 압박이 거세져요. 아들도 성적과 등수라는 결과에 대해서 많은 압박을 느끼고 있지요. 그럴 때 부모가 중심을 잡고 결과에 연연하지 않는 모습을 보여주는 자세가 필요합니다. '그냥 오늘 하루 열심히 하자', '오늘은 차곡차곡 쌓아나가는 데 만족하자' 이런 마음을 전해준다면 아들은 과정에서 만족을 느끼며 성실함을 배울 수 있을 거예요. 결과보다는 과정! 부모가 학창 시절 내내 아들에게 반드시 전해줘야 하는 정말 중요한 가치입니다.

"열심히 했으면 성공!"

결과에 집착하면 조바심을 느낄 수밖에 없어요. 조바심을 느끼며 초조해하는 마음은 아들의 자존감 발달에 좋지 않아요. 불안한 마음이 자존감을 자라지 못하게 방해하니까요. 그래서 결과보다는 매일의 과정에 집중하는 태도가 중요해요. 매일 해야 할 과업을 완수하면서 느끼는 자아 효능감이 아들을 한 뼘 더 자라게 해줄 테니까요.

기질은 있는 그대로
인정한다

"선생님, 저희 민우가 너무 내향적이라서 걱정이에요."

"아, 그러시군요. 어떤 점이 걱정이신가요?"

"친구를 많이 못 사귀고, 적극적이지도 않아서요. 학교생활은 잘하는지, 소외되고 있는 건 아닌지 너무 걱정이에요."

"음… 충분히 걱정하실 만해요. 그런데 민우는 학교생활을 정말 잘하고 있어요. 친구들과도 본인이 필요할 땐 잘 놀고요. 크게 문제가 없어요."

학기 초에 부모님들과 상담을 하다 보면 한 학급에 두세 분은 내향적인 아이가 고민이라고 말씀하세요. 물론 기질은 단순히 외향적, 내향적으로만 나뉘지는 않아요. 다양한 기질이 있으니까요. 하지만 부모님들이 학교생활에서 가장 크게 걱정하고 염려하는 아이의 기질은 내향적인 기질이에요. 아무래도 내향적인 아이는 친구들과 잘 놀지 못할 것 같고, 말수도 적어서 교우 관계도 원활하지 않을 것 같아 걱정되기 때문이에요. 그런 부모님들에게 혹시나 두 분 중에 내향적인 분이 있냐고 질문하면 보통은 엄마 아빠 중에 한 분이 내향적이더라고요. 그럴 때 '기질도 유전적인 요인이 있구나'라는 생각을 하게 됩니다.

"어머님, 어렸을 때 내향적이라 불편하거나 속상했던 적이 있으세요?"
"음… 그런 건 없었어요."
"그런데 왜 아이가 내향적인 건 걱정하세요?"
"그래도 아이니까요…."

아이라서 걱정되는 건 부모라면 누구나 다 갖게 되는 마음이에요. 외향적인 아이의 부모는 오히려 '너무 산만하진 않을까?', '친구들과 문제는 없을까?'라고 걱정하기도 하거든요. 주제가 다를 뿐 부모는 모두 아이를 걱정해요. 그런 게 부모 마음이 아닐까 싶어요. 내향적인 아이라도 자신이 필요할 때는 친구에게 말하고 상호 작용을 합니다. 만약에 이조차도 안 된다면 부모가 걱정만 할 것이 아니라 적절하게 교육하고 개입해야겠지요. 하지만 아이 스스로 본인이 필요할 때 입을 열고 다른 아이와 소통을 한다면 크게 걱정할 것은 없어요.

　문제는 부모가 너무 걱정한 나머지 아이에게 "좀 활발해져봐!", "넌 왜 그렇게 소극적이니?"라고 말하는 거예요. 부모의 기준으로 아이를 재단하기 시작하면 아이는 오히려 부모의 말 때문에 올바른 자아를 찾아가기가 어려워집니다. 부모가 아이의 모습을 있는 그대로 인정하고 좋아해야 자존감이 자라는데, 있는 그대로의 모습을 깎아내리면 아이도 스스로에 대한 확신이 사라져버리니까요. 마치 프로크루스테스처럼 아이를 부모의 기준에 맞춰서 재단해버리면 안 되는 이유예요.

　그리스 신화에 '프로크루스테스의 침대' 이야기가 나옵니다. 프로크루스테스는 아테네 교외에 살면서 지나가는 나그네를 집으로 초대해 죽이는 악당입니다. 집에 온 나그네를 자신의 침대에 눕히고는 침대보다 키가 큰 사람은 다리를 잘라서 죽이고, 침대보다 키가 작은 사람은 다리를 늘려서 죽였지요. 그렇다면 침대와 키가 똑같은 사람은 살았을까요? 그렇지 않았습니다. 프로크루스테스의 침대에는 길이를 조절하는 보이지 않는 장치가 있어서 그 누구도 침대에 키가 딱 들어맞지 않았다고 해요. 여기서 프로크루스테스의 침대를 '부모의 기준'으로 바꾸고 나그네의 키를 '아들의 기질'로 바꾼다면 어떤 이야기가 펼쳐질까요?

　미국의 신경 정신과 전문의 진 시노다 볼린Jean Shinoda Bolen은 프로크루스테스의 침대 이야기를 통해 부모의 기대와 아이의 자존감 사이의 관계를 역설합니다. 부모가 '넌 어떻게 되어야만 한다'라는 기준에 아들을 맞추려고 할수록 아들은 자신의 고유성을 버려야 한다고 말이지요. 겉으로 아들은 바람직하게 자라는 듯하지만, 결국 어느 순간에 이르러서는 마음속에 허무함만이 자리 잡게 됩니다.

부모의 기준에 아들을 맞추려고 하지 마세요. 적어도 기질에 있어서는요. 아들은 저마다 갖고 태어난 기질이 다릅니다. 그런데도 "넌 사교적인 사람이 되어야 해", "넌 활달하고 성취하는 사람이 되어야 해", "넌 진중하고 과묵해져야 해" 등 부모마다 아들에게 바라는 모습이 있지요. 바람을 가지는 것이 나쁜 일이 아니지만, 그런 모습에 맞춰 아들을 재단하는 것은 바람직하지 않습니다. 프로크루스테스처럼 부모의 기준이라는 침대에 아들을 눕혀놓고 맞추려고 하면 서로 힘이 들 수밖에 없거든요.

아들이 가진 기질은 바꾸기가 힘듭니다. 하지만 그 기질 안에서 자신이 가지고 태어난 역량을 100% 발휘할 수는 있어요. 내향적인 기질, 외향적인 기질 모두 '좋다, 나쁘다'라는 이분법으로 판단해버리면 아들은 자존감에 상처를 입게 됩니다. 조건 없이 자신을 인정해주고 좋아해줘야 하는 부모가 자신이 어쩔 수 없는 기질을 탓해버린다면 말이지요. 부모가 아이의 기질을 인정하는 것이 자존감을 위해서 가장 선행되어야 하는 태도가 아닐까 싶어요. 아들에게는 "조금 다른 아이가 되어보자"라는 말 대신에 "이런 너라서 좋아"라는 말이 필요해요. 기질을 있는 그 자체로 인정해줄 때 아들에게는 자존감의 싹이 자라날 거예요. 색안경 없이 있는 그대로 아들을 바라보려는 태도, 부모가 꼭 염두에 둬야 할 자세입니다.

"내향적인 것도 좋은 기질이야."

아들의 기질을 있는 그대로 인정해주세요. 가장 큰 버팀목인 엄마

와 아빠가 인정해줄 때 아들은 자신을 좋아하게 될 테니까요. 내향

적인 기질, 외향적인 기질을 선택해서 타고날 수는 없어요. 어떤 기

질이 좋고 나쁘다는 것도 없고요. 기질에 따라 각각 장단점이 있으

니까요. 아들의 기질을 있는 그대로 존중해주고, 기질을 충분히 꽃

피우며 자랄 수 있게 도와주세요.

41

아들의 자존감을 키우는
지적받을 용기

"승열아, 잘 가. 내일 봐."

"치~ 선생님은 저 싫어하시잖아요. 왜 웃으면서 인사하세요?"

"뭐라고? 내가 너를 싫어한다고?"

"네. 맨날 혼내시잖아요."

입술이 삐죽 나온 초등 2학년 승열이는 선생님에게 짜증을 내요. 선생님이 자신을 싫어한다고 생각해서요. 그런데 선생님이 승열이에게 좋은 이야기만 해줄 수는 없어요. 수업 시간이 되어도 교과서를 준비하지 않고 쉬는 시간에 보던 책만 보는 일, 모둠 활동에 참여를 안 하는 일, 친구와 싸우는 일 등은 관심을 가지고 지도해줘야 학년이 올라가서도 학교생활을 잘할 테니까요. 하지만 선생님의 지적에 승열이는 속상하기만 해요. 선생님은 승열이를 불러서 이야기했습니다.

"승열아, 선생님이 너 싫어하는 것 같아?"
"네."

선생님은 절대 승열이를 싫어하지 않는다는 걸 증명하기 위해 이야기를 덧붙였습니다. 급식 시간에 다른 아이들에게는 닭 다리를 두 개 줄 때 승열이만 세 개 준 일, 돈가스가 나왔을 때 일부러 큰 것을 골라서 준 일에 대해서요. 교실 배식이어서 참 다행이었지요. 급식실이었다면 승열이에게 반찬을 더 주기 힘들었을 테니까요. 또 승열이가 발표를 잘했을 때 칭찬해준 일에 대해서도요. 여러 일을 말해주고 나서 선생님이 좋아하지도 않는 아이한테 뭐 하러 그랬겠냐고 말하니 그제야 기분이 풀렸어요.

대개 일반적인 상황에서는 승열이처럼 선생님에게 명확하게 표현하지 못하고 혼자서 속상해하기만 하는 경우가 많아요. 집에서는 "선생님이 나만 싫어해"라고 말하는 바람에 부모님이 애만 태우는 경우도 많고요. 아무래도 선생님 앞에서 "선생님은 저를 싫어하시잖아요"라고 기세 좋게 말하는 아이는 드무니까요.

남자아이에게는 지적받을 용기가 필요합니다. 아무래도 여자아이와 비교해 활동적이고, 자기가 하고 싶은 것을 눈치 안 보고 하는 경향이 빈번하거든요. 그런데 학교에서는 일단 앉아서 하는 활동이 대부분이고, 쉬는 시간이나 점심시간에도 지켜야 할 규칙이 많아요. 규칙을 어긴다면 당연히 그에 대한 지적이 있을 수밖에 없지요. 만약 아이가 그런 지적을 지적으로써 받아들이지 못하고 자신을 싫어하는 것으로 인식하면 학교생활은 굉장히 억울해집니다. 그래서 평소에 지적받는 일이 생기면 본인의 행동에 대해서 성찰할 수 있도록 교육하는 것도 중요해요. 그래야 억울함 없이 성장을 이뤄낼 수 있으니까요.

비난과 판단을 뺀 말하기가 중요한 이유

어떻게 해야 지적에 강한 아들로 키울 수 있을까요? 일단은 가정에서의 지적이 감정적이지 않아야 합니다. 행동에 대해 있는 그대로만 이야기하고 비난은 하지 않을 때 아들이 지적이나 교육에 대해서 긍정적으로 느낄 수 있으니까요. 여러 가지 상황이 발생할 수 있지만, 여기서는 집에서 아이가 컵을 깼다고 가정해보겠습니다. 이런 상황에서는 부모가 아들에게 짜증 섞인 말을 하게 될 수도 있지요.

"넌 어떻게 매사에 그런 식이니? 조금 더 조심할 수는 없어?"

"넌 왜 그렇게 조심성이 없어? 왜 컵을 깨?"

부모는 아이에게 말할 때 은연중에 판단하거나 비난하는 말을 섞어서 씁니다. 부모는 별생각 없이 그런 말을 했다고 해도 아이는 그것을 공격으로 받아들이는 경우가 대부분이지요. 어른도 누군가가 자신을 비난하는 말을 듣게 된다면 불쾌할 거예요. 상대방에게 똑같이 폭력적인 말로 되받아치고 싶을 수도 있고요. 그런데 아직 유치원생이거나 초등학생인 어린 아들은 부모님에게 대적하지는 못해요. 그냥 듣고 있는 경우가 많지요. 그렇게 엄마 아빠의 말을 들으면서 아이는 '난 나쁜 아이야'라는 뒤틀린 자아상을 갖게 될 수도 있어요. 이는 자존감에 좋지 않은 영향을 미치지요. 그리고 이러한 패턴이 반복되다 보면 선생님이나 친구들로부터 행동에 대해서 지적하는 말을 들을 때도 불쾌한 마음을 드러내며 억울해할 수도 있어요. 잘못된 행동은 고치면 그뿐인데 화로 이어지는 것이지요.

"애고, 컵을 깼네. 다치지는 않았어?"

아들이 부주의해서 사건이 벌어진 순간에는 당연히 화가 나겠지만 일단 안전을 먼저 챙겨줘야 해요. 아들은 소파나 의자에서 뛰어내린다든지, 위험한 장난을 친다든지 등 안전하지 않은 일을 종종 하는데, 그럴 때는 이미 벌어진 상황을 두고 잘잘못을 판단하거나 비난하기보다는 아들이 괜찮은지부터 살펴주는 것이 아들에게 안정감을 줄 수 있는 효과적인 방법입니다.

"이번이 처음이 아니잖아. 다음번에는 무조건 조심해야겠지?"

일단 아들의 안전과 안정부터 챙겨주고 나서 비난과 판단을 빼고 행동에 대한 피드백을 주면서 주의를 당부하세요. 서로 감정을 소모하지 않고 행동 교정을 하는 것이야말로 아들에게 필요한 일이니까요.

"네가 아니라 네 행동이 잘못된 거야."

아들이 어른으로 성장하기 위해서는 반드시 성찰이 필요해요. 물론 사람은 실수할 수도 있고, 잘못할 수도 있어요. 그 과정에서 실수와 잘못에 대한 피드백을 듣는 일은 당연한 거예요. 그렇게 조금씩 자신을 성찰하면서 앞으로 나아갈 때 아들은 깊이 있는 사람, 타인들과 어울릴 수 있는 사람으로 자라날 수 있거든요. 그런데 지적받는 일을 자신에 대한 공격으로 인식하면 성장은 어려울 수밖에 없어요. 그래서 아들에게는 이런 말이 필요합니다.

"엄마(아빠)는 지금 사랑하는 민우가 아니라, 민우의 행동에 대해서만 이야기하는 거야."

우선 아들을 사랑한다고 말하고 나서, 그런데도 잘못한 것은 고쳐야 하기에 행동에 대해 이야기한다는 사실을 덧붙이면 지적에 대한 아들의 장벽을 어느 정도는 낮출 수 있어요. 귀가 조금은 순해지는 것이지요. 비난하지 않고 판단하지 않는 말하기, 그리고 존재에 대한 것이 아니라 행동에 대한 지적이라는 사실을 일깨워 줄 때 아들은 겸허한 자세로 지적과 충고를 받아들일 수 있을 것입니다.

"네 행동을 이야기하는 거야.
네가 싫다는 게 아니고."

아이가 잘못된 행동을 하면 바로잡아주는 것이 부모의 역할이에요. 그러나 그 과정에서 아들은 마음이 상할 수도 있어요. 행동을 교정하면서 아들이 자기 자신을 미워하지 않도록 한마디를 건네주세요. 너의 행동에 관해 이야기하는 것이지, 너를 싫어하는 것은 아니라는 사실을 분명히 알려주세요.

부모의 작은 관심에서 싹트는
자존감의 씨앗

공부 실랑이로 저녁 시간은 활화산과 같았어요. 금방이라도 터질 듯한 화를 참고 있는 엄마, 씩씩거리며 눈물을 주르륵 흘리고 있는 초등 3학년 민우. 그냥 독서록을 쓰면 되는데, 저녁을 먹기 전부터 "왜 꼭 지금 써야 하는데요?"라며 실랑이를 시작했다가 자기 전까지 해결하지 못했어요. 엄마는 화가 나서 "왜 아직도 안 쓰고 있는 거야?"라며 소리를 질렀고, 민우는 "독서록을 왜 써야 하는데요?"라며 응수했지요. 그렇게 독서록 실랑이를 마치고 각자 마음을 가라앉히는 시간. 민우는 씻고 잠을 자러 방으로 갔어요. 엄마는 그래도 자기 전에 기분을 풀어주고 재울까, 아니면 그냥 둘까 고민하기 시작했어요. 그러다가 결론을 냈지요. '에라, 모르겠다! 그냥 재우자. 뭘 잘한 게 있다고 기분을 풀어줘?'

다음 날 아침, 민우는 잠에서 깼어요. 평소처럼 엄마에게 인사를 하러 갔는데, 방문 앞에 이르자 갑자기 어제저녁의 일이 생각나서 기분이 나빠졌어요. 편안한 얼굴로 인사하러 갔다가 뾰로통한 표정으로 바뀌어버렸지요. 그런데 민우만 그런 게 아니었어요. 엄마도 민우를 보면서 냉랭한 표정. 민우가 있는지 없는지 투명 인간 취급 신공까지 발휘하는 엄마. 덕분에 민우는 차가운 감정의 레이저까지 맞으며 학교 갈 준비를 했지요. 등교하는 길, 터벅터벅 발걸음 한 번에 한숨 한 번, 민우는 그렇게 찝찝한 기분으로 긴 하루를 보내야 했어요.

침묵 요법은 사용하지 않는다

상대방이 말해도 못 들은 척하는 일, 봐도 못 본 척하는 일, 할 말이 있어도 말하지 않는 일 등 냉랭한 태도로 관계에서 상대방을 투명 인간 취급하는 것을 '침묵 요법Silent treatment'이라고 해요. 문제는 침묵 요법이 폭력적이고 정서 학대인데도 불구하고 정작 실행하는 사람은 그렇게 인지하지 않는 데 있어요. '그냥 말을 안 한 것뿐인데?'라고 오히려 편안하게 생각하거든요. 하지만 투명 인간으로 취급하는 목적 자체가 상대방을 불편하게 하고, 그렇게 함으로써 원하는 대로 조종하려고 하는 것임을 생각하면 다분히 폭력적인 방법이라는 사실을 알 수 있어요. 그리고 침묵 요법을 당하면 정신적인 스트레스도 생기지만 두통이나 소화 불량 혹은 다른 물리적인 징후들도 함께 발생할 수 있습니다. 몸과 마음에 좋지 않은 영향을 주는 것이지요. 이런 맥락에서 미국의 심리학자 존 가트맨John Gottman은 침묵 요법을 '관계 파괴자'라고 역설합니다. 침묵 요법이 유발하는 부작용을 생각하면 당연히 그럴 만하지요.

만약 민우 엄마처럼 침묵 요법을 사용하면 아들은 어떤 감정을 느낄까요? 만약 엄마의 그런 행동이 반복된다면 아들은 어떤 마음을 갖게 될까요? 우울감과 답답함을 느낄 거예요. 그리고 그런 감정이 반복적으로 일어나게 된다면 정서적으로도 불안해질 테고요. 침묵 요법은 단순히 화를 내는 '방식'이 아니라 정서적인 '학대'를 하는 방법이니까요. 나를 가장 아끼고 사랑해줘야 할 사람이 지속해서 정서적인 폭력을 사용한다면 아들의 정서 안정에도 자존감에도 좋지 않은 영향을 미치는 것은 불 보듯 뻔한 일이에요. 그래서 너무 화가 난 나머지 혹시라도 아들을 투명 인간 취급하고자 하는 마음이 든다면, 혹시라도 그런 행동을 조금씩 해왔다면 마음을 가다듬고 다른 건강한 방식으로 아이를 대하기 위해서 노력하려는 마음을 가져야 합니다.

아침과 저녁은 자존감의 골든 타임

"저녁에 아이를 혼내고 자는 모습을 보니까 너무 마음이 아파요."

"아침에 학교 갈 때 한바탕하고 보냈는데, 그러지 말걸 후회가
돼요."

보통 부모님들이 아침저녁으로 많이 후회하는 대목이에요. 아
마 누구나 다 그러지 않을까 싶어요. 아침과 저녁은 압력밥솥에서
김이 팍팍 나오는 것처럼 긴장이 가득한 시간이니까요. 아이의 등
교, 부모의 출근 준비가 동시에 이뤄지는 정신없는 아침. 그리고
여러 가지 사건 사고가 터지는 저녁. 아이는 일찍 자야 하는데 잠
자리에 들기까지 불필요한 일(물 마시고, 화장실 가고, 재잘재잘 이야
기해서 잠을 쫓는 일 등)을 하니 말이지요. 잠자리 실랑이의 최고 복
병은? 해야 하는 일을 하지 않았을 때. '잘 했겠지'라고 생각했는
데, 알고 보니 숙제를 안 했어요. 이제 곧 자야 하는데, 그럴 때는
부모와 아이 사이에 갈등의 불꽃이 일어나기도 해요. 상냥하게 말
해주고 싶지만, 아이의 행동이 부모의 기대와 다르기에 화가 날
수도 있습니다.
　아침과 저녁의 갈등을 막기 위해서 부모가 미리 준비하면 좋은
것이 몇 가지 있어요. 아침에는 학교 갈 준비하느라 실랑이를 하
고, 저녁에는 미처 하지 않은 것들이 있어서 실랑이를 하거든요.
그래서 미리 갈등의 원인을 파악하고 준비하면 서로 화가 나고 부
딪치는 일을 많이 줄일 수 있어요.

• 밥을 깨작깨작 먹는다

→ 밥을 안 먹여서 보내도 괜찮아요. 초등 시기의 아이들은 몇 번 배고파 보면 먹지 말라고 해도 잘 먹게 되거든요.

• 준비물을 챙기지 않는다

→ 저녁에 미리 확실하게 점검을 해주면 좋아요. 알림장을 확인하고 가방만 들고 나갈 수 있게 챙겨놓으면 아침이 한결 여유로워집니다.

• 숙제 등 할 일을 끝내지 않은 채로 자려고 한다

→ 할 일을 확인해서 체크리스트에 써놓은 다음에 시작하면 나중에 놓쳐서 실랑이하는 일을 줄일 수 있어요.

• 자기 전에 물 마시고 화장실 가는 등 계속 깨어 있다

→ 시간 관리를 잘해서 일찍 잠자리에 들면 아이가 조금 깨어 있으려고 해도 자는 시간은 충분히 확보할 수 있어요.

아침과 저녁은 아들의 정서를 안정적으로 만들어줄 수 있는 가장 중요한 시간이에요. 최대한 실랑이를 줄이고 관계를 부드럽게 해야 아이도 만족하고 부모도 후회 없는 편안함을 느낄 수 있어요. 실랑이의 시간을 미리 대비하고, 행여 부모가 기분이 나쁘거나 화가 나더라도 그것을 너무 오래 끌고 가지 않는 것에서 정서 안정은

시작됩니다. 그렇게 안정된 정서는 아들이 자존감을 쌓아나가는
데 중요한 기틀이 되고요. 아들의 자존감을 위해서 아침과 저녁에
는 부모가 조금 더 신경을 쓰면 좋겠습니다.

"엄마(아빠)가 좀 더 부드럽게 말해줄게."

유년기의 안정감은 자존감의 필수 요소이고, 안전하고 싶은 욕구는 인간의 가장 기본적인 욕구예요. 그런데 만약 아들이 부모님이 자신을 바라보는 표정이 좋지 않거나, 못마땅하다는 것을 느끼면 어떨까요? 위축되고 불안할 수밖에 없어요. 당연히 아들이 잘못하면 잔소리도 해야 하고 가르치는 일도 중요해요. 하지만 그 외의 시간에는 아들을 편안하게 사랑의 눈빛으로 바라봐주는 일도 필요하지요. 혹시라도 부모님의 날이 선 목소리에 아들이 놀란다면 이렇게 말해주세요. "엄마(아빠)가 좀 더 부드럽게 말해줄게."

Chapter
02

자립심

혼자서도 씩씩하게 앞으로 나아가게 하는 힘

아들을 키우는 부모에게 가장 큰 목표는 아들의 '홀로서기'가 아닌가 싶어요. 지금은 부모 품에서 많은 것을 의존하고 있지만, 언젠가는 성인이 되어 자신의 길을 묵묵히 걸어 나가야 하는 아들. 우리는 부모로서 아들의 홀로서기를 도와줘야 하지요. 그런데 요즘 사회를 보면 그런 일이 쉽지만은 않아 보입니다. 낮은 경제 성장률, 입시부터 이어지는 무한 경쟁, 쉽지 않은 구직… 생존을 위해 끊임없이 도전해야만 하는 현실. 이런 상황에서 부모는 아들의 홀로서기를 위해 무엇을 도와줄 수 있을까요? 안타깝지만 아들 대신 구직 활동을 해줄 수도 없고, 인생을 대신 살아줄 수도 없어요. 모든 것은 아들이 혼자 감내해야 하는 몫이니까요. 아들은 세상을 살아가면서 때때로 흔들리는 시기를 겪을 거예요. 누구에게나 흔들리는 시기가 찾아오니까요. 이때 아들에게 필요한 태도는 가시밭길 속에서도 중심을 잡고 앞으로 나아가는 묵묵함이에요.

부모가 기회를 주는 만큼
스스로 해내는 아들

"선생님, 피구 할 때 민우가 먼저 공을 잡았는데 왜 승열이가 잡았다고 하셨어요?"

"아, 공이요? 둘이 동시에 잡았어요. 그래서 저희 반의 규칙대로 가위바위보를 했고, 승열이가 이겨서 승열이에게 공을 줬어요."

"민우 말로는 그렇지 않던데요? 민우가 먼저 잡았는데 승열이한테 공을 주셨다고 하던데요?"

민우 엄마의 말을 듣고 담임 선생님은 가슴이 꽉 막혔어요. 체육 시간에 피구를 하면서 일어난 일, 민우 엄마는 민우의 말만 듣고 선생님에게 전화해서 "어떻게 우리 아이의 기분을 상하게 하실 수 있어요?"라고 항의했기 때문이지요. 아들이 속상하면 똑같이 속상한 부모 마음은 충분히 이해되지만, 그렇다고 해서 학교 체육 시간에 일어난 일까지 쥐락펴락하려는 것은 이해되지 않았습니다. 초등 6학년이나 된 민우가 피구를 할 때 일어난 갈등조차 스스로 해결하지 못하는 것은 민우에게도 도움이 되지 않으니까요.

아들이 학교생활에서 갈등을 겪으면서 스스로 해결하는 과정을 거쳐야 나중에 사회생활에서도 같은 방식으로 문제를 해결해 나갈 수 있습니다. 그런데 너무 안타깝게도 요즘은 학교뿐만 아니라 군대에도 그렇게 부모님들의 전화가 많이 온다고 하더군요.

"분명히 교육 훈련 일정에는 청소가 없었는데, 왜 아이들이 청소하지요?"

초등학교에서 나눠 주는 주간 학습 안내처럼 군대에도 주간 교육 훈련 일정이 있어요. 처음 입영해서 훈련을 받을 때는 '더 캠프'라는 앱을 통해서 식단과 훈련 일정을 공개하고, 자대 배치를 받은 이후에는 자연스럽게 가정과 연락하면서 훈련과 관련된 이야기를 나눕니다. 그런데 이때 예정된 일정과 조금이라도 다르면 전화를 하는 부모님이 있다고 해요. 원활한 군 생활을 위해서는 여러 가지 일을 경험하며 개인보다는 집단에 더 신경을 써야 하는데, 군대에서조차 사소한 일에도 간여하는 부모님이 있으니, 아들의 적응을 위해서는 안타까운 일이지요.

아들에게는 스스로 감당해야 할 몫이 있고, 그것을 통해 어른으로 변모할 수 있습니다. 이런 상황에서 아들의 몫을 대신해주는 부모는 아들이 성장할 기회를 빼앗는 것이나 다름없어요. 교실에서 수업하다 보면 종종 정문에서 인터폰으로 연락이 오기도 해요. 물병을 깜빡한 아이가 있어서 엄마가 물병을 맡기고 갔으니 찾아가라는 연락, 리코더가 준비물인데 가지고 가지 않아서 맡겨놨으니 찾아가라는 연락 등입니다. 물병이 없으면 선생님에게 종이컵이라도 빌려서 물을 마실 수 있어요. 리코더가 없으면 당장은 아쉽지만 '다음번에는 잘 챙겨야겠다'라는 마음을 가질 수 있지요. 이렇게 준비물을 미처 챙기지 못했을 때 부모가 뒤늦게 가져다주는 태도는 아이에게 좋지 않은 영향을 미칩니다. '내가 안 챙겨도 엄마(아빠)가 다 가져다주겠지'라는 마음을 갖게 되니까요. 오히려 전날 저녁에 준비물을 미리 챙기는 것이 뒤늦게 가져다주는 것보다 훨씬 더 나은 선택입니다.

학교에서 부모님과 상담을 하다 보면 자주 등장하는 주제가 있어요. 아들에게 자립심이 부족한 것 같다는 이야기와 함께 잔소리를 해야만 움직이는 아들을 보면 답답하다고 하소연하지요. 실내화 빨기, 이부자리 정리하기, 밥상 차리기, 옷 입기까지 하나하나 신경을 써야 하니 여간 힘든 일이 아니라고 토로하는 분들도 많고요. 그때마다 제가 되묻는 질문이 하나 있어요.

"아이가 뭔가 하려고 할 때 기다려주시나요, 아니면 바로 개입하시나요?"

그러면 대다수의 부모님들이 기다려주는 것은 시간이 오래 걸리고 답답하니까 바로 개입해서 그냥 해준다고 하시더군요. 우리가 부모로서 고민해야 할 것은 바로 이것입니다. 아들에게 스스로 무언가를 해낼 기회를 주는 것!

아들이 실수하더라도 그러려니 하고 기회를 줘야 하는데, 그렇지 않기 때문에 부모와 아들 모두 스트레스를 받는 것이지요. 미국의 작가로 자기 계발 분야의 대가인 데일 카네기Dale Carnegie는 부모의 역할에 대해 이렇게 이야기합니다. 아이가 가는 길을 앞서가지 말고, 대신 걷지 말고, 다른 길로 가라고, 참견하지 말라고 말이지요. 그런데 현실은 많은 부모가 그렇게 하지 못하고 있어요. 아들의 일을 나의 일로 동일시하여 많은 일에 사사건건 간섭합니다. 리모컨으로 전자 기기를 조작하듯이 아들을 조종하려고 하지요. 아들의 자립심이 자라지 못하는 가장 큰 이유는 바로 그런 태도 때문이에요.

부모는 아들이 자기 인생을 살 수 있도록 한 명의 '인간'으로 인정해줘야 합니다. 그러려면 작은 것부터 스스로 할 수 있도록 기회를 주는 것이 중요하지요. 설령 서툴더라도 그냥 두세요. 실수하면서 아들은 점점 자라게 될 테니까요. 아들의 자립심은 아들을 독립적인 인간으로서 바라봐줄 때 자라기 시작해요. 이제 막 아들은 어른으로 나아가는 걸음마를 시작했어요. 기꺼이 아들의 손을 놓으세요. 지금까지 힘겹게 잡아온 그 손을 놓을 때, 비로소 아들은 홀로서기를 시작할 수 있습니다.

"네가 한번 해봐."

아들이 불편하지 않도록 부모는 많은 것을 해주려고 해요. 밥을 안

먹으면 떠먹여주기도 하고, 입을 옷을 정해주기도 하고요. 그런데

부모가 해주는 것이 많을수록 아들은 스스로 하는 법을 잊어버려

요. 자립심을 위해서 부모가 내려놓아야 할 것이 있어요. 그런 마음

으로 아이에게 한마디를 전해주세요. "네가 한번 해봐."

기다리는 부모,
선택하는 아들

"선생님, 화장실 갔다 와도 돼요?"

"민우야, 조금 전에 한 말 못 들었어? 갔다 오라고 했잖아."

"네, 화장실 다녀올게요."

초등 2학년인 민우. 쉬는 시간에 선생님이 화장실에 다녀오라고 했는데도 다시 확인을 받으려고 질문을 해요. 선생님 말씀을 제대로 듣지 않아서 질문했다고 생각할 수도 있지만 그렇지 않아요. 민우는 선생님에게 확인받기 위한 질문을 종종 하거든요.

"선생님, 그런데요. 사람 옷은 무슨 색으로 칠해야 해요?"

자기가 그림에 칠할 색까지 선생님에게 물어보는 민우. 스스로 무언가를 결정해야 할 때 머뭇거리면서 사소한 것까지 확인을 받아야 하는 민우. 자립심이 많이 부족해 보여요. 학교에서는 민우 같은 남자아이들을 자주 만날 수 있어요. 아들이 못 미더워서 노심초사 챙겨주는 부모들이 많기 때문이지요. 주어진 범위 내에서 자기 마음대로 할 수 있는 일은 스스로 해내야 하는데, 작은 것 하나라도 누군가에게 확인을 받는 것은 아이에게도 편치 않은 일이에요.

능동태로 키울 것인가, 수동태로 키울 것인가

"공부는 왜 하나요?"
"숙제는 왜 하나요?"

종종 아이들에게 이런 질문을 던지면 예상치 못한(?) 대답을 듣고는 해요. 어떤 대답이냐고요? 그 대답은 바로!

"엄마(아빠)가 시켜서요!"

부모님이 시키기 때문에 공부하고 숙제하는 아이들. 때때로 준비물을 챙기는 일도 부모님이 시켜서, 가정 통신문을 회신하는 일도 부모님이 시켜서 하는 아이들도 있어요. 종종 아들은 엄마(아빠)의 원격 조종 로봇이 되기도 하지요.

초등학교뿐만이 아니에요. 대학교에서도 종종 수강 신청 기간에 학생이 깜빡해서 마감된 과목이 있으면 부모님이 직접 교수님에게 전화해서 수업을 듣게 해달라고 간청하는 경우도 있다고 해요. 원칙이 있는데도 말이지요. 학생이 이야기한다면 모르겠지만, 대학생이 되었는데도 부모님이 전화하는 건 성인이 된 아들을 다시 아이로 머물게 만드는 지름길이에요. 군대는 또 어떤가요. 지휘통제실이 너무 건조해서 아이가 감기에 걸렸다며 부대에 가습기를 놓아달라는 민원도 있어요. 군인이 되어서 나라를 지키는 아들을 부모가 지키는 형국이에요. 아들이 스스로 온전하게 성인으로 자라야 하는데, 그러지 못하고 아이에 머무르게 하는 가장 큰 원인은 부모가 아닌지 한 번쯤은 고민해볼 필요가 있어요.

자립심의 기본은 자신이 주체가 되는 일이에요. 내가 주체가 되어서 행동해야 어떤 일이든 자기 일이 되니까요. 자기 일을 맞이하는 자세와 남이 시키는 일을 맞이하는 자세는 시작부터 달라요. 일기 쓰기, 숙제 등을 척척 알아서 해내는 능동태가 되느냐, 하기 싫어서 몸을 배배 꼬며 억지로 겨우겨우 하는 수동태가 되느냐의 차이가 바로 주체성이에요. 아들을 주체적으로 키우려면 부모가 먼저 어떤 태도로 아들을 가르쳐야 할지 많은 고민을 해야 합니다.

기다림과 선택권이 부리는 마법

부모가 자립심을 키워주기 위해 아들에게 줄 수 있는 가장 큰 선물은 기다려주기와 선택권 주기예요. 말이 쉽지, 참 어려운 일이지요. 아들이 집에 들어오자마자 부모가 아들에게 하는 말을 곰곰이 생각해보면 잠깐의 순간을 기다려주기가 어렵다는 사실을 쉽게 알 수 있어요.

"손 씻어."

문 열고 들어오는 아이에게 단 0.1초도 기다려주지 못하고 이렇게 말할 때도 있어요. 물론 부모도 약간은 억울하지요. 말을 안 하면 아들이 손을 안 씻으니까요. 밖에서 놀다 온 더러운 손으로 집 안의 이것저것을 만지고, 심지어는 냉장고 문을 열고 음식을 꺼내 먹기도 해요. 그래서 부모는 차마 기다리지 못하고 바로 명령형의 말을 건네는 것이지요. 하지만 그럴수록 아들을 잠깐 기다려주고, 아들에게 먼저 물어보면 어떨까요? 아이가 밖에서 들어와 손을 씻지 않고 무엇을 하려고 할 때 "손 씻었어?"라고 먼저 물어보세요. 그럼 아이도 '아차' 하는 마음에 손을 씻으러 화장실로 들어갈 거예요. 명령형의 문장을 청유형으로, 청유형의 문장을 의문형으로 만든다면 관계도 부드러워지고 아들의 주체성까지 길러줄 수 있어요.

"공부해!"(×)
"숙제해!"(×)

평소 부모가 아들에게 많이 하는 명령형의 말이에요. 이럴 때 몸을 배배 꼬면서 꽈배기가 되는 대부분의 아들 덕분에(?) 부모는 목소리가 공격적으로 변하고 눈으로는 레이저를 발사하지요. 초등학교에 들어가는 순간부터 받아쓰기, 일기 쓰기, 독서록 쓰기, 연산 등 아이들에게는 어느 정도 해야 할 공부가 생겨요. 그런데 공부를 시작할 때마다 천차만별의 실랑이가 이어집니다. 그래서 공부의 순간에도 아들에게 선택권을 주는 일은 중요해요. 무조건 "~해"라는 문장 대신에 선택 의문문이 필요하지요.

"밥 먹고 공부할래? 공부하고 밥 먹을래?"(○)

"30분 정도 쉬고 나서 숙제할래? 아니면 숙제하고 나서 쉴래?"(○)

이렇게 물어보면 아들은 자신에게 선택권이 있다는 생각을 하게 돼요. 그러면 실랑이를 조금이나마 줄일 수 있어요. 물론 대부분의 아이들이 "밥 먹고 공부할래요", "쉬고 나서 숙제할래요"라고 말할 거예요. 이럴 때는 그렇게 하면 공부나 숙제를 제대로 마치지 못할 수도 있기에 과거의 경험을 예로 들면서 다른 선택(공부나 숙제 먼저)을 하도록 유도하는 것도 좋은 방법이에요.

"어제는 놀고 나서 했더니 늦게까지 못 끝냈잖아. 오늘은 먼저 공부하고 그다음에 쉬는 게 좋을 것 같아."

"오늘은 잘할 수 있어요."

"그래, 네 마음은 알겠어. 그런데 우리 어제 제대로 못 끝내면 다음부터는 공부 먼저 하기로 약속했잖아. 기억나지?"

"…"

    과거의 경험과 약속을 상기시키면 아들은 내키지 않더라도 먼저 해야 하는 일을 할 가능성이 커져요. 아들이 어떤 일을 온전히 자기 것이라고 받아들이게 만드는 것도 부모의 노련함이 필요한 일이에요. 아들에게 짧은 시간이지만 기다려주고 선택권을 줄 때, "숙제해"라는 명령형의 문장보다는 "숙제하자"라는 청유형의 문장을, 더 나아가 "숙제할까?"라는 의문형의 문장을 사용할 때, 부모는 아들을 보다 주체적인 사람으로 키울 수 있습니다.

"네가 선택해봐."

종종 무기력하거나 수동적인 아이들을 만날 때가 있어요. 그런 아이들의 공통점은 가정에서 아무런 선택권이 없다는 거예요. 무엇이든지 부모가 시키는 대로 하는 로봇 같은 아들. 무기력한 태도도 문제지만, 만약 그대로 자라면 배우자까지도 부모에게 골라달라고 할지 몰라요. 어릴 때부터 아들에게 매사 선택권을 주는 것은 굉장히 중요한 일이에요.

자립심을 키우는
일상의 모험, 심부름

아이들은 어릴 때 읽는 동화책으로부터 세상을 배워요. 동화를 읽으며 살아가면서 지녀야 할 가치와 삶의 지혜를 터득할 수 있으니까요. 어쩌면 동화는 아이들을 위한 신화인지도 몰라요. 앞으로 살아갈 인생의 나침반 역할을 해주기도 하니까요. 그런데 동화는 아이들에게만 중요한 것이 아니에요. 어른들에게도 필요하지요. 동화를 통해서 아이들의 세계를 바라보고 새로운 관점을 찾을 수 있기 때문이에요.

언젠가 동화에 관한 재미있는 기사를 본 적이 있어요. 기사는 동화 속 주인공과 엄마의 관계에 대해 다뤘어요. '생기발랄하고 모험심이 가득한 동화 속 주인공에게는 자식이 위험할까 봐 전전긍긍하는 엄마가 없다'가 기사의 주제였지요. 그런 엄마를 두지 않은 동화 속 주인공들이 온갖 고난을 헤쳐나가며 멋지게 성장한다는 것이었어요. 생각해보면 일리가 있는 말이에요.

동화 속 주인공들을 한번 살펴볼까요? '아기 돼지 삼형제'와 '잭과 콩나무'의 주인공은 엄마가 아닌 아이들이에요. '아기 돼지 삼형제'에서 엄마는 오히려 돼지 삼형제를 집 밖으로 내보내요. 엄마는 형제들을 독립하도록 만들지요. '잭과 콩나무'를 살펴볼까요? 사실 이 동화는 엄마들이 정말 싫어해야 마땅해요. 사실은 저도 살짝(?) 싫어하기는 해요. 왜냐하면 잭이 엄마 말을 하나도 듣지 않거든요. 엄마 말을 듣지 않고 소 한 마리를 고작 콩 몇 조각으로 바꿨기 때문이에요. 만약 현실에서 아들이 이런 일을 했다면? 상상만으로도 아찔해요. 하지만 동화 속에서 잭은 기꺼이 모험을 감수해요. 소 한 마리와 바꾼 콩을 심어서 자라난 콩나무를 타고 하늘로 올라가 금화와 황금알을 낳는 닭을 가지고 내려오지요. 잭은 가족의 유일한 재산이었던 소를 팔아버려서 엄마에게 혼이 났지만, 결국 더 큰 재산을 얻게 된 셈이에요. 만약 잭이 엄마의 말을 고분고분 듣는 아이였다면 이런 일이 일어날 수 있었을까요? 만약 잭의 엄마가 소를 콩으로 바꿔준 사람을 찾아가서 소를 돌려받았다면 해피 엔딩이 이뤄질 수 있었을까요?

현실에서는 이뤄지기 어려운 일이지만 한 번쯤은 동화가 주는 상징성을 살펴보면 좋아요. 동화에 나오는 남자아이들의 모습은 신화에 등장하는 영웅의 모습과 일맥상통해요. 그런 의미에서 동화는 아들을 위한 신화가 되기도 하지요. 미국의 비교 신화학자 조지프 캠벨Joseph Campbell은 신화 속 영웅의 여정에는 공통점이 있다고 했어요. 영웅이 되려면 고향을 떠나서 시련을 겪고 좌절을 맛보아야 한다고 말이지요. 고난을 극복하고 다시 일어나서 영웅이 되는 일련의 과정에 부모는 주목해야 합니다.

동화는 부모에게 많은 것을 시사해요. 아들에게 기꺼이 모험의 기회를 주라고 일러주는 것 같아요. 물론 동화처럼 집에 있는 값진 물건을 이상한 물건과 바꿔 오거나, 또는 가만히 있는 아들을 내쫓아서 집을 짓고 살라고 할 수는 없겠지요. 그렇지만 부모는 아들에게 일상생활 속에서 소소한 모험을 할 기회는 충분히 만들어줄 수 있어요. 그 기회의 이름은 바로 '심부름'입니다. 심부름은 아들을 동화 속 주인공으로 만들어줘요. 동화 속 주인공이 어려움을 이겨내고 뿌듯함을 느끼듯이 아들은 심부름을 통해서 성취감을 느낄 수 있거든요. 그런 성취감이 하나둘씩 모인다면 아들의 자립심은 한층 더 자라나게 됩니다.

아이들은 심부름을 굉장히 좋아해요. 초등 1~2학년 교실에서 일부러 심부름할 일을 만들어 아이들에게 물어보면 반응이 엄청 뜨거워요.

"심부름할 사람?"

이 한마디에 아이들이 손을 번쩍 들며 반짝이는 눈동자로 선생님을 쳐다보거든요. '제발 저를 시켜주세요'라는 간절한 눈빛으로요. 아이들에게 왜 그렇게 심부름을 좋아하는지 물어보면 여러 가지 대답을 들을 수 있어요. 심부름하면 다른 반에 공식적으로 들어갈 수 있기 때문이라는 아이도 있고, 친구들 사이에서 자신이 뽑혀서 기쁘다는 아이도 있지요. 그리고 무언가를 해냈다는 느낌이 들어서 좋다는 아이도 있어요. 아이마다 대답의 내용은 다르지만 모두 하나같이 뿌듯한 마음 혹은 성취감을 느낀다는 사실을 알 수 있지요. 집에서 하는 심부름도 학교에서 하는 심부름 못지않게 아들에게 성취감을 선물해줄 수 있어요. 물론 다른 아이들 사이에서 뽑혀 우쭐하는 기분까지 느끼게 해주지는 못하겠지만요.

가능하면 집에서 심부름의 기회를 많이 만들어 아들이 성취감을 느낄 수 있도록 도와주세요. 가령 밥 먹기 전에 수저 놓는 일을 맡기면 어떨까요? 엄마나 아빠가 설거지를 다 하기보다는 아이가 직접 해볼 기회를 주면 어떨까요? 현관의 신발을 정리하는 일, 분리수거를 돕는 일도 아들은 충분히 해낼 수 있거든요. 조금씩 무언가를 해내는 과정과 그 결과를 통해 성취감을 느끼도록 도와준다면 어느 순간 아들에게는 자립심의 씨앗이 싹트게 될 거예요.

매일매일 작은 도전으로써 성장할 기회를 준다면 아들의 자립심은 시나브로 자라나게 됩니다. 아들이 성취감을 느끼며 자립심을 키워나가는 일은 거창한 곳에서 시작되지 않아요. 소소한 일상에서 시작되지요. 자립심의 씨앗과 폭풍 성장은 가까운 곳에 있어요. 지금 당장 작은 일부터 아들에게 맡기면 어떨까요? '심부름'이라는 선물을 아이에게 건네주세요.

"이것 좀 해줄래?"

누군가를 돕는 경험은 아들의 자아 효능감을 고취해요. 평소 크게만 보이던 엄마 아빠가 아들에게 도움을 요청하면 아들은 어깨를 으쓱하며 척척 일을 해내기도 하지요. 이런 과정에서 아들은 자신이 누군가에게 보탬이 되고 필요한 사람이라는 사실을 무의식적으로 느껴요. 이처럼 부모를 돕는 일에서 느끼는 자아 효능감과 뿌듯함은 자립심의 기초를 만들어줍니다.

경제 관념과
자립심의 상관관계

"장난감 사주세요."

"오늘은 안 되는데?"

"왜요? 갖고 싶단 말이에요."

"오늘은 돈이 없어."

"돈이 왜 없는데요?"

마트나 쇼핑몰을 돌아다니다 보면 장난감이나 마음에 드는 물건을 사달라고 떼쓰는 아이를 종종 목격할 수 있어요. 갖고 싶은 물건을 사야지만 직성이 풀리는 아이와 마음껏 사줄 수 없는 부모의 팽팽한 줄다리기. 그래서 때로는 아들과의 외출이 부담스럽게 느껴지지요. 초등 3학년 민우 엄마도 그것이 고민이었어요. 그런데 지인으로부터 외출할 때 아이가 직접 돈을 관리하게 하면 고민 해결에 도움이 된다는 이야기를 듣고 '아하!' 하는 마음이 들었어요. 그래서 한번 시도해보기로 마음을 먹었지요.

아이가 직접 돈을 관리하면 생기는 일

온 가족이 전주 한옥마을에 놀러 가기로 한 날, 엄마는 민우에게 돈 관리라는 특별 임무를 맡겼어요. 현금 봉투를 주면서 봉투에 쓴 돈을 적어가며 관리해달라고요. 그리고 일정을 마쳤을 때 남은 돈으로는 민우가 좋아하는 전주 초코파이를 사 먹어도 된다고 말해줬지요.

한옥마을에서 사용할 수 있는 예산은 점심 식사를 포함해서 7만 원. 큰돈이기는 하지만 밥값만 해도 3만 원이 넘기에 한나절을 돌아다니다 보면 빠듯한 금액일 수도 있어요. 7만 원을 받은 민우는 눈이 휘둥그레져요. 아무리 빠듯해도 아이에게는 큰돈이었거든요. 민우는 점심만 먹고 나머지를 남겨서 전부 초코파이를 사 먹겠다는 일념으로 돈 관리를 맡았어요. 민우는 돈 관리를 잘했을까요?

민우는 열심히 계산했어요. 일단 점심 식사부터 시작했지요. 여기저기 돌아다니다가 괜찮은 식당을 발견했어요. 1인당 식비는 1만 3,000원, 가족이 세 명이라 3만 9,000원 지출. 식당에서 음료수를 마시고 싶던 민우는 엄청난 내적 갈등을 겪어요. 평소라면 음료수

를 마시고 싶다고 졸랐을 텐데, 진지한 표정으로 '마실까? 말까?'
고민해요. 음료수는 2,000원. 한참을 고민한 끝에 민우는 음료수
를 하나 마시기로 했어요. 식당에서 지출한 돈은 총 4만 1,000원.
남은 돈은 2만 9,000원.

한옥마을을 돌아다니다 보니 바이크가 보여요. 1시간을 타는 데
2만 원. 그것도 최대 인원이 두 명. 3인 가족이라 두 대를 빌려야 하
고, 그러면 4만 원 지출이라 민우는 바이크를 포기했어요. 아쉬운
표정이었지만 어쩔 수 없었지요. 엄마 아빠는 돈을 더 '충전'해주
고 싶었지만 꾹 참았어요. 또 한참을 돌아다닌 민우는 목이 말라서
3,000원짜리 식혜를 사 마시고 싶었지만, 너무 비싸다고 생각해 엄
마 아빠와 함께 편의점에 갔어요. 편의점에서 1+1 음료수를 골라
서 사 마셨지요. 음료수에 지출한 돈은 4,000원 남짓. 2만 5,000원
정도의 돈이 남았어요.

중간중간 사진 찍기, 뽑기, 총 쏘기 등 여러 유혹이 있었지만, 민
우는 초코파이를 사겠다는 일념으로 참아냈어요. 드디어 집으로
돌아가기 전 초코파이를 사는 순간, 민우는 "우아~"하면서 함박
웃음을 지었어요. 초코파이를 무려 열 개나 살 수 있었거든요.

이처럼 외출할 때 아들에게 돈을 맡겨 본인이 직접 관리하면서
쓰게 하면 무턱대고 떼쓰는 일을 예방할 수 있어요. 주어진 예산
안에서 본인이 계산하고 지출을 하니까요. 엄마 아빠와 외출을 하
면 아무 생각 없이 그냥 사달라기만 해도 뭔가 나올 것 같고, 사줄
것만 같은 마음이 들어요. 그렇지만 자기가 직접 지출을 해야 하면

계산을 하기에 욕망의 크기를 어느 정도 제어할 수 있게 돼요. 물론 '못 사서 아쉽다' 하는 마음이 역력한 표정을 마주하기란 부모로서 안쓰러운 일이긴 하지만요.

용돈을 주면서 직접 관리하게 하거나, 또는 필요할 때마다 돈을 주거나 하는 등 아들의 돈 관리도 부모마다 다른 선택을 할 수 있어요. 그렇지만 때때로 외출 시에 아들에게 돈을 맡겨서 관리를 시키면 큰 도움이 됩니다. 자립심을 키우는 데도 효과적이지만, 무조건 무언가를 사달라고 떼쓰는 일도 많이 줄일 수 있거든요. 한번 시도해보세요.

"네가 돈 관리를 해줄래?"

외출하면 종종 떼쓰는 아들. 맛있는 거 사달라, 장난감 사달라, 원하는 게 참 많지요. 외출할 때 가끔 아들에게 돈 관리를 맡겨보세요. 요즘은 카드를 많이 쓰기에 외출할 때 예산을 미리 알려주고 아들에게 지출을 계산하게 하는 것도 좋은 방법이 될 수 있어요. 때때로 현금을 맡겨서 직접 지출하게도 해보고요. 돈을 쓸 때 생기는 실랑이도 줄이고, 자립심까지 길러주는 한마디. "네가 돈 관리를 해줄래?" 한번 말해보세요.

진로 탐색은
자립심의 족매

"아빠, 저 공군사관학교 입시 요강이랑 기출문제 좀 뽑아주실 수 있어요?"

"왜?"

"공군사관학교에 가고 싶어서요."

"공군사관학교? 거긴 왜? 장교가 되고 싶어?"

"네, 장교도 장교지만, 파일럿이 되고 싶어요. 비행기를 조종하면 멋있을 것 같아서요."

중학교 3학년 민우. 사춘기의 긴 터널을 뚫고 나와서 아빠에게 한마디를 툭 던져요. 어쩌면 영화 〈탑건: 매버릭〉을 봤기 때문에 그럴 수도 있고, 또 어쩌면 길을 걷다가 하늘의 비행기를 보면서 고개가 돌아가서 그럴 수도 있어요. 어쨌든 민우는 한동안 공군사관학교 노래를 부르면서 공부를 했어요. 덕분에 민우 아빠도 홈페이지에 들락날락하면서 입시 요강, 신체검사 조건, 기출문제를 찾아 출력물을 건네줬지요. 한동안은 공군사관학교 시험 문제를 풀어보면서 '이 정도는 해야겠다'라는 마음이 들어 공부에 진심이었던 민우. 결국 공군사관학교에는 못 갔어요. 중간에 컴퓨터 공학과로 꿈이 바뀌었거든요. 그래도 공군사관학교 덕분에 신나게 공부를 했어요. 공부하면 꿈을 이룰 수 있을 것 같았거든요.

공부와 진로 탐색은 자립의 밑바탕

아들에게 공부와 진로 탐색은 미래를 위한 소중한 밑거름이에요. 어떤 일을 하면서 살 것인지 고민하고, 자신의 적성을 알아보고, 미래의 직업군에 대해서 탐색해보는 활동은 자립의 필수적인 과정이니까요. 진로 고민은 중고등학생 때 공부하는 과정에서도 많은 힘을 줍니다. 목표가 분명하면 힘든 과정에서도 보람을 느낄 수 있으니까요.

그런데 문제는 장래 희망을 진지하게 고민하지 않는 아이들이 많다는 거예요. 2023년 교육부와 한국직업능력연구원의 설문조사에 따르면, 초등학생의 20.7%, 중학생의 41%, 고등학생의 25.5%는 희망하는 직업이 없다고 응답했어요. 자신이 좋아하는 것과 자신의 강점과 약점을 모르기 때문에 희망하는 직업 역시 모르겠다고 대답한 아이들이 대부분이었지요. 사실 아이의 장래 희망은 수시로 바뀌어요. 언제는 조종사가 되고 싶었다가, 언제는 과학자가 되고 싶었다가, 또 언제는 다른 직업을 원하기도 하지요. 조금은 줏대 없어 보일 수도 있지만, 이런 열망과 갈망은 아이가 힘든 과정을 겪고 어른이 되어서 자신의 힘으로 미래를 이끌어나갈 원동력이에요. 이런 마음을 어릴 때부터 심어준다면 아이는 미래를 위해 주체적으로 공부하고 노력하는 과정에서 신이 날 것입니다.

직업과 관련한 다양한 자극이 필요한 이유

초등 시기의 아이들에게는 직업과 관련한 다양한 자극이 필요해요. 어떤 직업이 있는지 알아야 자기가 그 일을 하고 싶은지 생각해볼 수 있으니까요. 다행히도 요즘에는 초등학생을 위한 직업 관련 책이 많아요. 평소에 아이와 함께 책을 읽고 나중에 어떤 일을 하면 좋을지 대화를 나누는 것도 아이에게는 큰 도움이 됩니다.

초등학생을 위한 직업 관련 책

- 《나는 커서 어떤 일을 할까?》(미케 샤이어 글/그림, 주니어RHK)

- 《고래새우 말고 대왕고래》(이정은 글/임윤미 그림, 파란자전거)
- '초등학생의 진로와 직업 탐색을 위한 잡프러포즈 시리즈'(총 42권, 토크쇼)

다양한 직업 체험도 아이에게 자극을 줄 수 있는 일이에요. 한국잡월드, 키자니아, 순천만 잡월드 등 직업 체험을 할 수 있는 곳에 가서 시간을 보내는 것도 좋아요. 그리고 코엑스, 벡스코, 킨텍스 같은 컨벤션 센터에서 종종 직업 체험을 할 수 있는 박람회가 열려요. 일정을 확인했다가 아이와 함께 방문하는 것도 고려해보세요. 그중 '대한민국 교육기부 박람회'는 매년 열리는 행사로, 아이와 함께 참석해서 여러 직업에 대해 생각해보는 계기로 활용하면 좋습니다. 또 교육부에서는 '교육기부 진로체험 인증기관'을 지정해서 알려주고 있어요. 약 2,000개 정도의 인증기관에서 다양한 행사를 진행하기 때문에 홈페이지에서 일정을 확인해보고 아이가 관심 있어 하는 행사에 가서 체험하면 분명히 도움이 될 거예요.

아들의 자신감을 북돋우는 진로 대화

"아빠, 저는 로봇 엔지니어가 될 거예요."
"그래? 근데 그런 직업은 ○○대학교 □□과 정도는 들어가야 하는데, 점수가 좀 높아. 수능 1등급에 내신 1등급은 나와야 겨우 갈 수 있거든."

"그렇게 경쟁률이 세요?"

"응. 그래서 잘 안 될걸? 지금 네가 공부하는 태도를 보면?"

아이가 장래 희망을 말하면 그것을 대학교나 성적과 연관 짓는 부모님들이 종종 있어요. 중고등학생이라면 어느 정도 현실적인 이야기를 해줄 수도 있겠지만, 초등학생에게 그런 이야기는 별로 와닿지 않아요. 아이가 장래 희망을 이야기할 때는 조금 더 자신감을 북돋울 수 있도록 대화를 이끌어나가면 좋습니다.

"아빠, 저는 로봇 엔지니어가 될 거예요."

"그래? 로봇 엔지니어는 어떤 일을 하는데?"

"로봇을 만들기도 하고, 조작하기도 하고, 로봇과 관련된 여러 가지 일을 해요."

"우아, 정말 재밌어 보이네. 안 그래도 요즘에 네가 방과 후에 로봇 과학 수업을 재미있게 듣고 있잖아. 여기에 코딩 등 관련 수업도 들으면 한 걸음 더 로봇 엔지니어에 가까워질 거야."

아이가 무언가가 되고 싶어 한다면 이유를 물어봐주고, "넌 잘할 수 있을 거야"라고 격려해주는 것이 부모가 가져야 할 태도예요. 자립의 가장 기본적인 토양은 '나중에 내가 어떤 일을 하면서 생계를 유지할까?'를 고민하는 일입니다. 아들이 온전히 자기 일을 할 수 있어야 부모에게서 독립할 수 있기 때문이에요. 아이가 진로를 탐색할 수 있도록 부모가 다양한 방법으로 좋은 영향을 주면 좋겠습니다.

"어른이 되면 어떤 일을 할까?"

아들에게 제일 중요한 일은? 꿈을 꾸는 일. 꿈꿀 수 있는 아들은 미

래를 위해 현재를 충실히 살아갈 수 있어요. 꿈은 아이들에게 희망

을 주니까요. 아들이 무엇을 좋아하는지, 어떤 일을 하면서 살아갈

지 고민해보는 것도 노력이 필요한 일. 그런 노력을 아들과 함께해

주세요. 그러면 아들은 반짝이는 눈으로 자기 일을 열심히 해낼 테

니까요. 어른이 될 준비를 하기 위해서 말이지요.

역경지수
넘어지고 쓰러져도 결국 일어나는 힘

꽃길만 걸으라고 아들을 축복하는 것은 부모의 마음이지만, 아들의 앞날에는 꽃길만 펼쳐져 있지는 않아요. 때때로 마주하는 가시밭길도 감내해야 할 때가 오니까요. 그래서 아들에게는 마음의 면역력이 필요합니다. 힘든 일을 만났을 때 쓰러지지 않고 용기를 내는 일, 크게 좌절했을 때 아픔을 딛고 일어서는 일 모두를 아들은 해내야 하니까요. 역경에 대처하는 능력을 역경지수라고 하는데, 역경지수는 정말 중요한 능력이에요. 좌절의 순간에 아이를 다시 일어서게 해주거든요.

아들이 능소화처럼 자라주면 좋겠어요. 한여름의 장마와 태풍을 이겨내고, 궂은 날씨를 퍼붓는 하늘을 아무렇지 않게 바라보면서 '하늘이 난리를 쳐도 나는 피어나겠다'라는 마음으로 피어나는 꽃. 부모는 아들이 고난 속에서도 자신만의 꽃을 피워낼 수 있도록 인내하고, 또 이겨내는 법을 가르쳐줘야 합니다.

"안 되는 건
안 돼."

영화로까지 제작된 영국의 소설가 로알드 달Roald Dahl의 《찰리
와 초콜릿 공장》에는 다섯 명의 아이가 등장해요. 세계에서 가장
사랑받는 초콜릿 공장인 윌리 웡카 초콜릿 공장을 직접 눈으로 볼
수 있는 행운의 주인공들이지요. 초콜릿에 감춰진 행운 티켓을 손
에 넣은 다섯 명의 아이. 독일의 먹보 소년 아우구스투스, 원하는
건 손에 넣어야 직성이 풀리는 부잣집 딸 베루카, 껌 씹기 대회 챔
피언 바이올렛, 자신의 똑똑함을 과시하고 싶은 게임 중독자 마이
크, 그리고 말로 표현할 수 없을 만큼 가난한 집에서 자란 찰리. 이
렇게 다섯 명의 아이 앞에서 펼쳐지는 윌리 웡카 초콜릿 공장의 놀
라운 광경. 책도 영화도 보다 보면 금방 빠져들 수밖에 없어요.

《찰리와 초콜릿 공장》에서 우리가 주목해야 할 아이는 주인공

찰리가 아닌 부잣집 딸 베루카예요. 왜 역경지수를 이야기하는데 원하는 것이라면 모두 다 들어주는 집에서 자란 베루카에게 주목해야 할까요? 베루카의 아빠는 억만장자예요. 베루카가 원하는 것은 무엇이든 다 들어주고 다 사주는 부모지요. 여기서 문제는 윌리 윙카 초콜릿 공장에서는 부모의 배경이 전혀 상관이 없다는 것이었어요. 다 똑같은 입장에서 견학하고, 잘못하면 벌을 받기도 하는 곳이니까요.

베루카는 집에서 하던 것처럼 아빠를 졸라요. 호두 분류실에서 호두 껍데기를 까는 다람쥐를 갖고 싶어서 말이지요. 하지만 초콜릿 공장의 주인인 윌리는 훈련된 다람쥐는 팔지 않는다고 말해요. 그런 상황이면 보통의 아이들은 '에이, 안 되네…'라며 아쉬운 마음을 달래면서 포기하겠지만, 베루카는 그러지 않았어요. 베루카는 윌리의 말을 무시하고 다람쥐에게 접근해요. 그런데 아뿔싸, 다람쥐는 베루카를 품질이 안 좋은 견과류로 분류해 음식물 쓰레기통에 버리고 말아요. 우리가 주목해야 할 장면이지요.

원하지 않는 것을 받아들이는 것도 능력

역경지수는 말 그대로 역경에 저항하면서 도전을 멈추지 않고 성취하는 능력을 의미해요. 구체적으로는 이런 능력을 지수화한 것이 역경지수예요. 아들은 어른이 되었을 때 역경에 맞서서 이겨

낼 줄 아는 내성을 가져야 세상에서 살아갈 수 있어요. 조그만 시련과 아픔에도 함몰되어서 허우적거린다면 요즘처럼 험한 세상에서는 하루하루가 고통일 수밖에 없지요.

그런데 어른이 되기 전부터 아이들에게는 날마다 다가오는 역경이 있어요. 바로 베루카가 윌리 웡카 초콜릿 공장에서 마주한, '하고 싶은데 못 하는 일'이에요. 아들은 원하는 것이 정말 많아요. 부모라면 누구나 베루카의 부모처럼 무엇이든지 다 들어주고 싶은 마음이 들지만, 그것이 과연 아들에게 진정으로 도움이 되는지는 반드시 고민해야 합니다. 우리 아들이 베루카처럼 음식물 쓰레기통으로 들어가는 일이 있어서는 안 되니까요. 욕망 때문에 자기 자신을 망치는 일이 있어서는 안 되잖아요. 아들의 삶에 펼쳐진 길이 모두 꽃길이라면 더없이 좋겠지만, 인생에는 꽃길만 있을 수 없어요. 꽃은 피었다가도 시들기 마련이거든요. 그래야 또 열매를 맺을 수 있으니까요. 인생에는 꽃길도 필요하고, 자갈길도 필요해요. 욕망을 적절히 제어하는 일이 필요한 것이지요.

원하는 것을 참는 것, 원하지 않는 것을 해내는 것 모두 역경지수를 높이는 일이에요. 전자는 욕망을 절제한다는 데서, 후자는 어려움을 이겨낸다는 데서 역경지수를 높이는 태도를 길러주거든요. 아들을 키우다 보면 원하지 않는 것을 하도록 도와줘야 할 때가 많아요. 공부하기, 씻기(씻기조차 귀찮아하는 아이들이 많거든요), 군것질 줄이기(아예 안 하기란 힘드니까요), 정리하기… 모두 아들이 원하지 않는 것들이에요. 이런 것들을 차근차근 하나씩 해나가면서 훗날 마주치게 될 어려움에 적응하게 해주는 것도 역경지수를 키워주는 일이에요. 여기서 문제는 아들과 부모가 대립하게 된다는 것입니다. 안 하고 싶은 것을 하게 하면 실랑이가 일어날 수밖에 없거든요.

역경지수를 키우는 간결하고 단호한 대화

실랑이를 줄이기 위해서는 간결함과 단호함이 필요해요. 마치 아이들이 자주 하는 말인 "응, 아니야"처럼요. 들어주기는 하겠지만 안 되는 것은 안 된다는 사실을 이야기해주는 것이 좋아요. 초등 6학년 민우와 민우 엄마도 그랬어요. 군것질하고 싶은 민우와 곧 밥을 먹을 예정이니 군것질은 안 된다는 엄마. 아들과 엄마 사이의 대화를 살펴보며 일상생활 속에서 아들에게 어떻게 이야기를 해야 할지 시나리오를 그려보면 좋겠습니다.

민우　저 과자 먹으면서 넷플릭스 볼게요.
엄마　안 돼. 밥 먹어야지. 이따가 먹어.

간단한 엄마의 말. 과자를 먹겠다고 했는데 안 된다고 하니까 민우가 바로 엄마 말을 들었을까요? 아쉽게도 이렇게 간단하게 대화가 끝나는 집은 거의 없어요. 전생에 나라를 구한 엄마라면 몰라도요. 이어지는 상황을 다시 살펴볼게요.

민우 왜요? 왜 지금 먹으면 안 돼요? 저는 과자도 못 먹어요?

엄마 곧 밥을 먹어야 하는데, 그전에 과자를 먹으면 입맛이 없잖아.

민우 입맛이 있어요. 저는 과자 먹어도 밥 다 먹을 수 있어요.

엄마 아니지. 지금까지 널 살펴보면 과자 먹고 난 다음에는 밥을 다 안 먹었는데?

민우 그래도 전 다 먹어요. 그리고 넷플릭스는 과자를 먹으면서 봐야 더 재미있단 말이에요.

엄마 그건 아니지. 원래는 뭐 먹으면서 안 보기로 했는데, 요즘 슬금슬금 먹더라.

민우 먹을 수도 있죠. 왜 그렇게 해야 하는데요?

엄마 자꾸 이것저것 먹으면 혈당이 높아져서 건강에도 안 좋아.

여기까지 살펴보니까 어떤가요? 과자를 먹지 말라는 이야기를 하다가 혈당까지 나왔어요. 혈당이 등장하면 이제 서로 과학자가 되어야 하는 거예요. 혈당학파, 비혈당학파로 변신해서 서로 논리적으로 설득하고, 그래서 이기는 편이 우리 편이 되는 것이지요. 이렇게 아들과 엄마의 대화를 글로 보니 이런 실랑이도 편안하고 정겹게 읽히지만, 실제 상황이 되면 부모는 진심으로 열이 받을 수밖에 없어요. 이제 마무리 대화를 살펴볼게요.

민우 혈당은 금방 떨어져요.

엄마 아니야. 금방 떨어지지 않아. 적어도 과자를 먹은 다음에는 1시간 이상 유지돼.

민우 그럼, 떨어지는지 안 떨어지는지 찾아볼까요? 그리고 과자를 안 먹어도 혈당이 떨어지면 글리코겐이 분해되면서…%&*^%*&(*&(*^*&%

엄마 먹지 마! 밥 먹고 먹어!

민우 왜 짜증을 내요?

아들에게 역경지수를 길러주기 위해서는 안 되는 것은 안 된다고 단호하게 말해야 해요. 그런데 말이 길어지면 서로 짜증을 내게 되고 그러면 관계가 나빠질 수도 있지요. 그래서 실랑이의 순간에는 최대한 간결하게 말하면 도움이 됩니다.

민우 저 과자 먹으면서 넷플릭스 볼게요.

엄마 과자 먹고 싶구나. 그런데 안 돼. 밥 먹어야지. 밥 먹기 전에 과자는 안 먹기로 약속했잖아.

민우 아~ 왜 안 되는데요?

엄마 조금 전에 다 얘기했잖아.

이렇게 대화가 이뤄지면 아들도 사전에 약속한 원칙을 떠올리면서 어느 정도 수긍을 합니다. 물론 과정이 꽃길처럼 부드럽지는 않겠지만, 그래도 첫 번째 대화처럼 서로에게 소리 지르는 답답한 상황까지는 다다르지 않지요.

부모가 아들에게 안 되는 일은 간결하게 말한 다음에, '나의 말은 여기까지!'라는 단호한 마음을 가지고 대화의 시도를 차단하는 것이 서로의 마음을 지키는 지름길이 아닐까 싶어요. 역경지수를 키워주기 위해서는 실랑이도 지능적으로 피하는 것이 관계를 지키는 데 도움이 됩니다.

"안 돼!"

모든 것이 충족된 아이는 조그만 결핍에도 힘들어하고 좌절할 수

있어요. 당장 만족하는 것도 중요하지만 때때로 아이에게는 결핍

도 필요해요. 살아가는 모든 순간이 아이에게 만족스럽게 흘러가

는 것은 아니기 때문이지요. 시련도 겪어보고 답답한 마음도 가져

봐야 어른이 되어서도 인내하고 견뎌내는 법을 터득할 수 있어요.

아들이 떼쓰거나 과도하게 요구하는 상황에는 "안 돼!"라고 단호

하게 말해주는 일도 필요합니다.

도전에는
비계가 필요하다

　도전과 응전. 인생을 살아가면서 어쩌면 아들이 겪어야 하는 가장 많은 일이 아닐까 싶어요. 늘 새로운 과업이 찾아오고, 인생에서는 그것에 응할지, 아니면 피하거나 포기할지 선택하게 되니까요. 도전적인 과제가 눈앞에 놓여 있을 때, 이에 당당히 맞서는 응전을 택하려면 우선 아들에게는 도전하려는 마음이 있어야 해요. 무엇보다 과제를 받아들인 이후에 실수하거나 잘못되었을 때도 그것을 잘 받아들이려는 마음이 있어야 자기 앞에 놓인 일에 마땅히 도전하려는 마음을 가질 수 있어요. 또 한 가지는 도전을 즐기려는 마음이에요. 도전하는 과정에서 에너지를 내려면 과정 그 자체도 즐길 수 있는 마음을 가지는 게 중요해요. 결과보다는 과정에서 얻는 기쁨이 동력이 될 때 과업에서도 더 많은 성과를 낼 수 있으니까요.

그런데 그게 참 어려워요. "어떻게 과정을 즐길 수 있어요?", "공부가 재미있어요?", "시험이 아무것도 아니에요? 그걸 어떻게 즐겨요?"라는 질문이 막 쏟아지는 것 같아요. 어려운 일이지만 아들이 과정을 즐길 수 있도록 도와주는 방법도 부모는 고민해야 해요.

아이의 과업과 근접 발달 영역, 그리고 비계

초등학생 아들에게는 많은 일이 힘겨운 과업이에요. 글씨 쓰기, 그림 그리기, 줄넘기하기 등 학교에서 이뤄지는 여러 가지 일상적인 일이 아이에게는 어려운 일이에요. 물론 '그냥' 혹은 '대충대충' 하면 쉬운 일이기도 해요. 하지만 모든 일을 그냥 하거나 대충대충 하다 보면 정말 제대로 해야 할 때 꼼꼼하게 하는 자세를 가지기가 힘들어요. 그래서 어떤 일이든 잘 이겨내도록 해야 하는데, 이게 여간 쉽지가 않아요.

만약에 역경지수를 높여주겠다고 무조건 아이에게 "너 혼자 해야 해"라고 무작정 말한다면 아이의 역경지수는 바닥을 칠지도 몰라요. 너무 힘든 과업은 높은 벽과 같아서 일단 시작하기도 전에 압도당할 수 있거든요. 그런 경험이 반복되고 좌절이 일상화된다면 아들은 말 그대로 학습된 무기력에 빠져서 무언가에 도전하려고 시도할 수 없는 지경에 이를 수도 있어요. 그래서 아들이 수행해야 하는 일을 확인해보고, 너무 어려운 일이라면 부모가 옆에서 조력해줘야 하지요. 교육학에서는 이것을 일컬어 '비계를 놓아준다'라고 합니다. 러시아의 교육 심리학자 레프 비고츠키Lev Vygotsky의 근접 발달 영역 이론에 따르면 아이가 성장하기 위한 과업은 자기 수준에서 약간 높은 곳에 있어야 발달이 이뤄진다고 보거든요.

만약 아이가 해내야 하는 과업이 근접 발달 영역 밖에 있다면 과업 자체의 수준을 낮춰줘야 하고, 아이가 올라설 수 있도록 비계를 놓아서 도와줘야 해요. 비계의 원뜻은 건물을 지을 때 바깥에 설치하는 가설 지지대예요. 작업자들이 올라가서 일할 수 있도록 만든 가설물이지요. 아이가 과업을 수행할 때, 마치 공사장에 가설물을 설치하는 것처럼 부모가 조력해줘야 아이가 겁먹지 않고 활동을 지속할 수 있습니다.

체계적으로 살펴보는 아이의 과업

과업	세 자리 수의 덧셈과 뺄셈
현재 능력	두 자리 수의 덧셈과 뺄셈을 혼자서 정확히 할 수 있음
근접 발달 영역	세 자리 수의 덧셈과 뺄셈을 연습하기
비계	• 문제를 작은 단계로 나누기(예: 두 자리 수의 덧셈을 복습하고, 세 자리 수의 덧셈으로 확장) • 시각적인 도움 제공(예: 숫자 카드나 그림 사용) • 부분적인 해결책을 제공하여 아이가 스스로 마무리할 수 있도록 유도(예: 처음 두 자리를 더한 후, 아이가 마지막 자리를 더하게 함)

아들이 도전을 너무 어려워한다면

만약 아들이 무언가에 도전하는 일을 어려워한다면 처음부터 한 번에 시도하는 대신 차근차근 하나씩 시도할 수 있도록 도와주세요. 대부분의 초등 1~2학년 남자아이들은 그림 그리기를 힘들어합니다. 소근육이 발달하는 중이기 때문이지요. 그래서 사람을 사람처럼 그리지 않고 동그라미 한 개와 선 다섯 개로 표현할 수 있는 졸라맨으로 그리기를 선호하기도 해요. 대충 그리는 편이 쉽거든요. 그림을 그리거나 그림일기를 쓸 때, 엄마나 아빠가 "졸라맨으로 그리지 말고 사람처럼 그려"라고 말한다면 아들은 어떻게 반응할까요? "네, 알겠습니다. 사람으로 그리겠습니다"라고 말하는 아이도 한둘은 있을 수 있겠지만, 대부분은 "왜 꼭 그렇게 그려야 하는데요? 그냥 졸라맨으로 그릴 거예요"라고 말할 거예요.

아들이 겉으로는 자신 있게 말하지만, 속마음은 그냥 포기하고 있다는 사실을 부모라면 누구나 알아차릴 수 있어요. '어차피 해도 안 돼'라는 마음을 아들이 갖고 있기에 귀찮고 어려운 일을 '안' 하겠다고 말하는 것이니까요. 하지만 아들 안에는 분명 잘하고 싶은 마음이 자리 잡고 있어요. 그런 마음을 살짝 건드리면서 도와주면 아들도 포기하지 않고 시도하지요.

"머리는 동그랗게, 몸통은 네모나게, 그리고 팔다리는 길쭉한 네모로 한번 그려봐. 졸라맨보다는 훨씬 보기 좋을 거야."

아들이 어려워하는 일에는 구체적으로 어떻게 해야 할지 지침을 주는 게 좋습니다. 힘들어 보이는 일도 잘게 쪼개서 제시해주면 아들은 '한번 해볼까?'라고 생각하거든요. 이왕이면 지침과 함께 시범을 보여주면 더 좋고요. 말로만 하면 쉽게 이해되지 않지만, 직접 하는 것을 보여주면 따라 할 수 있어서 진입 장벽이 낮아져요. 졸라맨을 다른 방법으로 그리는 일, 색종이를 접을 때 도와주는 일, 글씨를 바르게 써야 할 때 먼저 반듯한 글씨를 써주는 일 등 지침과 함께 시범을 보여주면 아들도 '아, 이렇게 하면 되는구나!'라고 힌트를 얻게 됩니다. 부모가 아들에게 비계를 놓아줘야 하는 때지요.

예전에 한 독자님이 졸라맨과 관련해서 고민을 토로하신 적이 있어요. 아들이 너무 졸라맨만 그리는데, 그냥 놔두면 안 되냐고요. 그때 제가 어렵지만 한번 가르쳐주시라고, 그러면 잘할 거라고 말씀을 드린 적이 있는데, 6개월 후에 그러시더군요. "선생님, 저희 아들이 그리기 대회에서 상을 받았어요." 만약 아이가 졸라맨만 그릴 때 그냥 놔뒀다면 어땠을까요? 어쩌면 평생 졸라맨만 그렸을지도 몰라요. 하지만 그 순간을 극복하도록 도와준다면 그림을 그리는 일에서도, 다른 일에서도 '나도 할 수 있어'라는 자아 효능감과 '힘들어도 극복할 수 있어'라는 역경지수를 내면화하면서 도전하려는 마음을 갖게 될 거예요.

지금부터라도 "그냥 해봐"라는 말 대신에 구체적인 지침을 담아서 아들에게 말해주세요. 그러면 아들에게도 도전하려는 마음이 생기고, 그런 마음이 쌓일 때 자기 앞에 놓인 장애물을 극복할 수 있다는 믿음이 생길 거예요. 스스로에 대한 믿음을 아이가 가질 수 있도록 부모가 옆에서 힘껏 도와주면 좋겠습니다.

"어떻게 처음부터 잘하니?"

종이접기를 하다가 잘 안 되니까 짜증을 내며 울어버리는 아들. 한글을 배우다가, 구구단을 외우다가, 학교 공부를 하다가 어려운 내용이 나오면 답답해서 화를 내는 아들. 어떻게 해야 아들의 마음을 풀어주면서 한 발자국 더 나아가도록 도와줄 수 있을까요? 처음부터 잘되는 것은 없다고 알려주는 일부터 시작하면 좋아요. 그런 다음에 아들이 어려워하는 부분을 조금씩 잘게 잘라서 과업으로 제시해주세요. 계단이 너무 크면 계단을 작게 만들어서 '할 수 있다'라는 마음을 갖게 하는 것이 중요하니까요.

실패는 씁쓸하지만
도움이 된다

사람들은 실패의 순간을 어떻게 기억할까요? 잘은 몰라도 좋은 기억은 아닐 거예요. 보통은 실패를 '고배(苦杯, 쓴잔)'라고 표현하니까요. 아파하고 속상한 나머지 우리는 실패를 씁쓸하게 기억해요. 그건 사람으로서 당연한 마음이에요. 뭔가 계획했거나 소망했던 일이 좌절되었을 때 기분이 좋을 리는 없으니까요. 아들도 똑같아요. 자신이 계획했거나 원했던 일이 틀어지면 속상하기만 해요.

태권도나 합기도 승단 심사에서 떨어졌을 때, 받아쓰기 시험을 잘 못 봤을 때, 단원 평가를 봤는데 틀린 문제가 많을 때, 학급 임원 선거에서 떨어졌을 때… 아들은 좌절하고 속상해해요. 이때 부모가 어떻게 대하느냐에 따라서 아들은 그 순간을 성장의 기회로 삼을 수도 있고, 아픈 상처만 기억할 수도 있어요. 그래서 아들이 실패하는 순간에는 부모의 역할이 그 어느 때보다 중요해요. 그런데 그 역할이 생각보다 쉽지는 않아요. 무심코 뱉는 말도 조심해야 하니까요.

오래전의 일이에요. 당시 초등 3~4학년 아이들에게 음악을 가르치던 때였는데, 3학년 민우가 침울한 표정을 한 채 음악실로 들어왔어요. 손대면 톡 하고 터질 것만 같은 눈망울. 한마디만 해도 울 것 같은 표정이었지요. 무슨 일이냐고 물어보니 대답이 없어요. 너무 속상해서 말도 하기 싫었나 봐요. 다행히 옆에 있던 친구가 대신 말해줬지요.

"오늘 반장 선거를 했는데요. 민우네 엄마가 민우가 반장 안 되면 생일 파티를 안 해주신다고 해서 그래요."

반장 선거에서 떨어진 것도 속상한데, 생일 파티까지 없을 예정인 민우. 그 말을 듣고 나니 민우가 너무 속상할 것 같아서 아이들이 교실로 돌아가는 쉬는 시간에 잠깐 이야기를 나눴어요. 엄마가 진짜로 그렇게 말씀하셨냐는 말에 고개를 끄덕이는 민우.

"선생님이 엄마에게 전화로 이야기를 좀 해볼까?"

이 한마디에 민우는 참았던 눈물을 터뜨렸어요. 민우와 나눈 이야기를 민우네 담임 선생님에게 전했더니 선생님이 어머님에게 전화를 드렸더라고요. 그다음 날 아침, 복도를 지나면서 민우를 만났어요. "어제 괜찮았어? 생일 파티 해주신대?"라는 물음에 활짝 웃는 민우를 보며 '참, 다행이다' 싶었어요. 속상하지 않게 일이 잘 끝나서요.

반장 선거일 수도 있고, 시험 성적일 수도 있고, 상장이 걸린 어떤 대회일 수도 있어요. 종종 부모는 결과만 너무 중요하게 생각한 나머지 아들의 마음에 상처가 되는 말을 '무심코' 하게 되는 경우가 있습니다. 부모가 자랄 때 들었던 말을 자식한테 똑같이 들려주는 습성이 있어서 그렇지요. 배운 대로 가르치게 되니까요. 그런데 부모라면 누구나 그 '무심코'가 아들에게는 평생 남는 아픈 기억이 될 수도 있다는 사실을 생각해야 합니다. 아이에게 '무심코'가 아니라 '심사숙고한 다음에' 말해줄 수 있다면, 실패의 순간은 상처가 아니라 교훈으로 남을 테니까요.

실패를 마주하는 3단계 마음가짐

🪐 1단계: 직면하기

사람은 고통은 피하고 안전함을 추구하는 본능을 갖고 있어요. 실패의 순간에는 그 순간을 당연히 회피하고 싶어 하지요. 실패는 힘들고 고통스러우니까요. 그런데 그 순간을 피하기만 한다면? 실패하는 순간에 무턱대고 괜찮다고 하면서 넘어가기만 한다면? 아들은 실패로부터 아무것도 배우지 못한 채 다음에 또 다른 쓴잔을 마셔야 할지도 몰라요. 그래서 부모는 아들이 실패했을 때 직면할 수 있는 용기를 북돋워줘야 합니다.

아이가 실패했을 때는 우선 속상한 마음에 공감해주면서 받아들일 수 있도록 도와주세요. 민우처럼 실패하는 순간에 혼을 내거나, 실패로 인해 다른 벌칙을 받는다면 아이는 실패를 받아들이기보다는 실패에 저항할 가능성이 높거든요. '내가 잘못해서 그런 게아니라 쟤 때문에 그래', '받아쓰기를 못 본 건 선생님이 문제를 너무 어렵게 내서 그래'처럼 실패의 원인을 열심히 하지 않은 자기자신보다는 상황이나 타인의 탓으로 돌리게 될 수도 있고요. 일단실패의 순간에는 아이가 상황을 온전히 받아들일 수 있도록 "아쉽겠네", "속상했겠네"라고 말하면서 토닥여주세요.

🪐 2단계: 과정 복기하고 원인 파악하기

복기는 바둑에서 한 번 두고 난 바둑의 판국을 평가하고 성찰하기 위해 두었던 대로 다시 처음부터 바둑돌을 놓아보는 것을 뜻하는 말이에요. 실패라는 결과에서 원인을 찾으려면 바둑처럼 복기해야 하지요. 예를 들어, 아들이 태권도 승단 심사에서 탈락했다면왜 탈락했는지 하나하나 살펴보는 일이 필요하다는 것입니다. 품새의 어떤 부분을 잘못해서 탈락했는지, 그렇다면 연습 과정에서틀린 부분을 제대로 하기 위해 노력했었는지, 매일 해야 할 만큼의노력을 기울였는지, 아니면 연습할 때 대충대충 했었는지, 과정에서 어떤 부분이 잘못되었는지 등을 파악해야 하지요.

비단 태권도 승단 심사뿐만이 아니라, 받아쓰기, 단원 평가, 줄넘기 인증제 등 아들이 평가나 도전에서 잘하지 못했을 경우, 무엇때문에 좋은 결과를 얻을 수 없었는지 꼼꼼하게 파악하는 것이 중요합니다. 그래야만 다음 기회에 조금 더 발전할 수 있기 때문이지요. 사실 거의 대부분의 아이들이 실패하는 이유는 노력 부족이에요. 그래서 원인을 파악했다고 하더라도 '다음번에는 무조건 잘할 수 있다'라고 장담할 수는 없어요. 성공에는 노력이 수반되어야 하니까요.

하지만 원인을 파악하지 않는다면 다음에 또 다른 도전에 응해야 할 때 아이는 노력을 해야 한다는 당위성조차 갖지 않을 수 있어요. 그러니 똑같은 실패를 반복하지 않기 위해 최소한 과정에서만큼은 노력해야 한다는 사실을 아들이 인식하도록 도와주세요. 아들이 과정에서 어떤 노력을 더 기울였어야 했는지 파악하도록 "무엇 때문에 잘되지 않았을까?", "어떤 노력을 더 기울여야 했을까?"라고 물어보며 이야기를 나눠보세요.

🪐 3단계: 다짐하기

원인을 파악했다면 다음에 똑같은 일을 할 때 어떤 마음가짐으로 준비해야 할지 이야기를 나눠보세요. "다음을 위해 준비한다면 어떤 것을 더 열심히 할 거야?", "다음번에는 무엇에 집중해야 할까?" 이야기를 나눈 후에는 일기에 직접 글로 써보는 것도 좋아요. 말로 하는 것도 좋지만, 글로 쓰면 머릿속에 더 잘 각인이 되니까요. 글로 쓰면서 다음에는 과정에 더 충실하겠다고 다짐한다면, 아들은 의지가 가득한 채로 다음 기회에 도전할 거예요.

실패의 순간에 속상함과 답답함만을 느낀다면 아쉽게도 발전하기는 힘들어요. 실패가 그저 짜증이 나는 억울한 일이 되어버리니까요. 하지만 용기를 내서 직면하도록 도와준다면, 고통에 맞서 희망을 찾는 일을 도와준다면, 아들은 실패 속에서도 다음을 위한 로드맵을 그릴 수 있을 거예요. 실패는 쓸쓸하지만 도움이 된다는 사실을 아들에게 꼭 가르쳐주세요.

"무엇이 부족했을까?"

실패하면 아들은 좌절해요. 태권도 승단 심사에서 불합격했을 때,

받아쓰기 시험을 잘 못 봤을 때, 단원 평가에서 많이 틀렸을 때, 반

장 선거에서 떨어졌을 때… 아들은 속상하기만 해요. 이때 아들에

게 필요한 것은 직면하는 용기. 속상한 마음을 넘어서 실패의 원인

을 파악하고 다음번에 더 잘하기 위해서는 무엇이 부족했는지 분

석하는 힘이 있어야 해요. 실패에도 메타인지가 필요한 셈이지요.

결핍이
교육이 되는 순간

야구를 좋아하는 초등 3학년 민우는 글러브를 너무 갖고 싶었어요. 주말에 운동장에서 야구를 할 때 친구들이 낀 글러브가 좋아 보였거든요. 그래서 민우는 2년 동안 모았던 돼지 저금통의 배를 갈랐어요. 저금통에는 무려 5만 원이나 있었지요. '이 정도면 원하는 걸 살 수 있겠다'라고 생각한 민우는 주말에 아빠와 함께 동네 야구용품점으로 향했어요. 민우와 함께 야구용품점에 간 아빠는 깜짝 놀랐어요. 야구용품점이라서 그런지 비싼 글러브가 정말 많았거든요. 아동용 글러브인데 무려 50만 원이 넘는 것도 있었지요. 아동용 글러브는 제일 싼 것이 9만 원, 민우가 사고 싶던 친구들이 꼈던 글러브는 15만 원. 민우는 가격표를 보면서 고개를 푹 숙이고 한마디를 했어요.

"앞으로 10만 원은 더 모아야겠어요. 승열이는 이 글러브가 있는
데, 나만 없네…."

민우의 말에 독자님은 뭐라고 대답하시겠어요? 어떻게 해야 마음에 상처 주지 않으면서 조금 더 교육적으로 말해줄 수 있을까요? 부모는 아들을 키우면서 여러 가지 상황을 맞닥뜨려요. 준비가 되어 있다면 각각의 상황에 의연하게 대처하면서 평생 아들의 기억에 남을 만한, 아주 멋지고 교육적인 말을 해줄 수 있을 거예요. 그러니 결핍의 순간에 어떻게 해야 아들에게 도움이 되는 말을 해줄 수 있을지 함께 고민해보면 좋겠습니다. 잠깐 책을 내려놓고, 어떻게 말해야 할지 곰곰이 생각해본 다음에 다시 책을 펼쳐보세요. 그러면 나중에 민우 아빠와 같은 상황을 마주했을 때, 당황하지 않고 멋지게 아들에게 말해줄 수 있을 테니까요.

사실 이런 상황은 부모에게도 상당히 갈등이 생기는 상황이에요. 아이가 저금통까지 깼는데, 그래도 살 수가 없으니까 마음이 약해져서 카드를 긁는 일이 펼쳐질 수도 있어요. 또 어쩌면 교육이 필요하다는 이유로 "그런 건 살 필요가 없어. 그냥 지금 쓰는 거 써"라면서 아이의 속상함을 무시하고 부모가 하고 싶은 말만 할 수도 있고요. 물론 지금 쓰고 있는 글러브를 쓰는 것이 당연하지만, 이미 속상한 아이를 굳이 더 속상하게 만드는 말을 할 필요는 없어요. 어떻게 해야 속상한 마음을 다독거리면서 조금 더 교육적으로 말해줄 수 있을지 민우 아빠의 대답을 들어보면서 함께 고민

을 이어나가면 좋겠습니다.

"돈을 모아서 사보자. 용돈을 모으면 살 수 있을 거야."

"승열이는 있는데 나만 없어요"라는 민우의 말에 솔직히 민우 아빠는 마음이 약해질 뻔했어요. 부모 마음이 그렇잖아요. 아이가 필요한 것, 아이가 해달라는 것에 마음이 약해져 빚이라도 내서 해주고 싶은 마음은 누구라도 그럴 거예요. 그렇지만 민우 아빠는 '돈을 모아서 다음에 사자'라는 메시지를 전했어요. 이후 집에 돌아와서 다음을 기약하며 저금통에 모은 돈을 다시 집어넣는 아들에게 한마디를 더 건넸지요.

"나중에 네가 10만 원을 모으면 아빠가 만 원을 줄게. 열심히 모아봐."

속상한 마음이 어느 정도 사그라들었던 터라 민우는 아빠의 말을 듣고 살짝 미소를 지을 수 있었어요. 돈을 모으면 만 원을 준다고 해서 기분이 좋아졌거든요. 글러브를 당장 못 사줘서 짠했던 민우 아빠의 마음도 아들의 미소를 보곤 이내 풀렸고요.

부모는 아이에게 언제 결핍이 필요하고, 반대로 언제 바로 사주는 일이 필요한가에 대해서 고민할 필요가 있어요. 결핍을 경험함으로써 성장에 도움이 되는 순간에는 설령 부모로서 마음이 짠해

지더라도 눈을 질끈 감고 사주지 않는 일이 필요하거든요. 물론 지우개나 연필 같은 학용품을 사주는 일, 공부할 때 필요한 책이나 문제집을 사주는 일은 결핍을 경험하게 하기보다는 바로 해결해주는 편이 좋아요. 하지만 비싼 글러브나 장난감처럼 아들의 욕망을 해결하는 일에는 '이런 걸 바로 사주면 도움이 될까?'라고 생각하며 반드시 고민해야 해요. 원하는 대로 다 해주고 싶지만, 때로는 안 되는 것도 있다는 사실을 아이도 경험해봐야 하니까요.

독일의 소설가 헤르만 헤세Hermann Hesse의 《싯다르타》를 보면 부모가 고민해야 하는 지점과 연결되는 이야기가 나와요. 책 속에서 주인공 싯다르타는 상인의 집에 일자리를 구하러 가요. 그리고 자신은 '단식'을 할 줄 알기 때문에 태연하게 기다릴 수 있고, 초조해지도도 않고, 곤궁하지도 않으며, 설령 굶주림에 오래 시달리더라도 웃을 수 있다고 말해요. 그 말에 상인은 싯다르타를 상점에 채용했고, 싯다르타는 얼마 지나지 않아 가장 중요한 직원이 되었지요.

싯다르타의 단식과 부모가 아들에게 줘야 하는 결핍의 기회는 그 궤가 같아요. 부모가 결핍을 교육적으로 활용한다면 아들은 소설 속의 주인공처럼 태연하고, 곤궁하지 않은 어른으로 성장할 수 있기 때문이에요. 사람이 살아가면서 언제나 넉넉할 수만은 없어요. 넉넉하더라도 소비의 폭이 넓어지면 지출은 늘어날 수밖에 없고요. 그래서 아이들도 자신의 수입에 맞춰 지출하는 능력, 조금 덜 쓰는 능력을 갖출 필요가 있어요. 만약에 그런 힘이 없다면 늘 인생은 답답하고, 세상이 나를 억울하게 만든다는 힘든 마음을 갖게 될지도 몰라요. 그런 면에서는 아들이 약간 '빠듯함'을 느끼도록 해주는 것도 괜찮은 선택이에요.

'약간의 모자람을 느껴봐야 나중에 스스로 삶을 개척하려는 의지를 가질 수 있지 않을까?'
'부족한 것을 알아야 힘든 상황에 빠져서도 헤쳐나가려고 노력하지 않을까?'

비싼 물건을 사달라고 말했는데 거절당했을 때 실망하는 아들의 모습을 보고 마음이 약해질 때는 이와 같은 질문을 떠올리면서 마음을 붙들어보세요. 지금의 작은 결핍이 아들이 조금 더 단단하고 의연하게 자라도록 해주는 밑거름이 될 테니까요.

"돈을 좀 더 모아볼까?"

아들에게 꼭 필요한 경제 교육. 아들에게는 돈을 계획해서 쓰는 능력과 무언가 갖고 싶은 것이 있더라도 참을 수 있는 마음이 필요해요. 그런데 쉽게 길러지는 능력과 마음이 아니에요. 아들은 늘 사고 싶은 물건이 있어서 때때로 가지지 못하면 짜증을 내기도 하니까요. 그렇다고 해서 무턱대고 다 들어줄 수는 없어요. 그럴 때 어떻게 하면 그 순간을 교육적으로 활용할 수 있을지 미리 고민해보세요. 아들이 사고 싶거나 갖고 싶은 물건이 있을 때 그 마음을 조금 참고 기다리는 힘을 길러준다면 돈 때문에 속상하거나 좌절하는 일이 줄어들 수 있을 거예요.

가장 탁월한
긍정의 필터, 부모

〈인생은 아름다워〉라는 이탈리아 영화가 있어요. 영화는 제2차 세계 대전을 배경으로 하고 있지요. 주인공인 아버지 귀도와 아들 조슈아는 나치의 유대인 말살 정책으로 인해 강제로 수용소에 끌려가게 돼요. 귀도의 아내이자 조슈아의 어머니는 유대인이 아님에도 불구하고 가족을 따라 수용소행을 자원하지요. 그래서 온 가족이 수용소에서 아주 힘든 시간을 보내게 됩니다.

사실 당시의 수용소는 이름만 수용소였어요. 어떤 사람은 수용소를 '죽음 공장'이라고 표현할 만큼 수용소행은 곧 죽음을 의미했지요. 암담한 현실 속에서도 귀도는 조슈아에게 수용소에 온 이유가 게임을 하기 위해서라고 거짓말을 합니다. 귀도는 1,000점을 먼저 따는 사람이 선물로 탱크를 받게 된다고 말하지요. 탱크를 광적으로 좋아하는 조슈아는 아버지의 말에 귀가 솔깃해지고요. 아버지는 여러 가지 어려운 상황을 유머러스하고 위트 있게 아들에게 전달합니다. '죽을지도 모르는 힘든 상황'이 '아버지'라는 필터를 거쳐 아들에게 전달되는 것이었지요.

결국에 조슈아는 아버지의 말을 잘 들은 덕분에 수용소에서 탈출하게 됩니다. 그것도 자신이 꿈꾸던 탱크를 타고서 말이지요. 하지만 아버지는 안타깝게도 죽음을 맞이하게 됩니다. 나치에게 끌려가는 순간에도 아들에게 웃음을 지어 보였던 아버지. 귀도는 총살을 당하기 직전까지도 아들에게 윙크하는 그런 아버지였어요.

기억에 남는 대사가 하나 있습니다. 영화 초반부에 조슈아는 동네 가게에 붙어 있는 종이 하나 때문에 기분이 상해요. '유대인과 개 출입 금지'. 이것을 본 귀도 역시 불쾌한 마음은 매한가지였지만 조슈아에게 이렇게 말하지요.

"조슈아, 뭐 이런 거로 기분이 나쁘고 그러니? 저 위쪽 길에 있는 철물점은 스페인 사람과 말이 출입 금지란다."

귀도는 정말 대단한 아버지예요. 아버지의 유머와 위트에 조슈아의 기분이 금방 풀렸으니까요. 귀도는 적어도 아들 앞에서는 짜증이 나는 일조차 웃음으로 승화시키는 마력을 가진 사람이었어요. 이처럼 아들에게는 한없이 밝고 긍정적인 귀도였지만, 귀도 역시 아버지이기 이전에 인간으로서 좌절하는 것만큼은 어쩔 수 없었지요. 특히 아들이 곁에 없을 때는 고뇌하는 모습을 보이기도 했습니다. 수용소 앞에 시체로 만들어진 거대한 산을 보고 절망에 휩

싸였던 귀도. 안타깝게도 귀도가 나치에게 끌려가 처형을 당하고 난 후, 조슈아는 미군의 탱크를 타고 탈출하게 됩니다. 아직 아버지의 죽음을 모르는 조슈아는 탈출하는 길에 마주친 엄마에게 이렇게 말했어요.

"엄마, 1,000점을 모아 게임에서 이겼어요. 아빠와 내가 1등을 해서 탱크를 탔다고요!"

절망 속에서도 긍정을 보게 해준 아버지 덕분에 조슈아는 수용소 생활마저도 마치 캠프처럼 즐길 수 있었어요. 아버지가 아들에게 훌륭한 나침반이 되어줬기 때문이지요. 상황을 바꿀 수는 없지만, 그 상황을 대하는 개인의 태도는 충분히 바꿀 수 있습니다. 아버지 귀도는 수용소의 환경과 죽음을 맞이하는 상황을 바꿀 수는 없었어요. 하지만 아들 조슈아가 그 상황을 대하는 태도는 바꿔줄 수 있었지요. 특정 상황을 해석하고 받아들이는 개인의 태도와 관점의 차이는 세상을 살아가는 거의 전부라고 할 수도 있습니다.

아이가 축구 경기를 하다 그만 실수를 해서 팀이 패하게 되었다면 엄청나게 실망하게 될 거예요. 그럴 때 부모는 긍정적인 필터를 제공해줄 수 있어요. 힘든 순간에 부모의 한마디는 아들이 상황을 대하는 방식을 바꿀 만한 영향력이 있거든요.

"실수할 수도 있어. 그런데, 이런 경험을 통해서 좀 더 나아질 수 있을 거야. 누구나 실수할 수 있으니까."

삶에서 일어나는 많은 일은 모두 마음먹기에 따라서 다르게 볼 수 있어요. 부모에게도 그렇고, 아이에게도 그렇지요. 대부분의 사람들은 늘 성공과 행복만을 바랍니다. 하지만 성공만큼 실패도, 행복만큼 불행도 겪게 되는 것이 인생이에요. 성공과 실패를 만들어내는 것도, 행복과 불행을 만들어내는 것도 다 마음입니다. 어떤 마음으로 바라보느냐에 따라 성공이 해로울 수도 있고, 실패가 이로울 수도 있지요.

살아가면서 겪는 수많은 일을 아들이 한 걸음 떨어져서 바라볼 수 있도록 만들어준다면 어떨까요? 아직 성숙하지 않은 아들은 온전하게 세상을 바라보는 능력이 부족합니다. '부모'라는 창문을 통해 어렴풋이 느낄 뿐이지요. 부모는 아들에게 어떤 창문이 되어야 할까요? 부모라면 누구나 이 질문에 대해 생각해봐야 해요. 아들에게 밝고 긍정적인 세상을 보여주기 위해, 긍정적인 시선을 선물해주기 위해 어떤 부모가 될 것인지 진지한 고민이 필요합니다.

"지금이 최악이라서 다행이야. 다음엔 분명히 더 나을 거야."

어떤 상황에서도 바라보는 관점에 따라 아들은 일어설 용기를 얻을 수 있어요. 설령 지금의 상황이 최악이라고 해도, 지금 무언가 잘되지 않았더라도 아들은 다시 한번 시도해볼 수 있는 용기를 가져야 해요. 부모가 상황을 어떻게 바라보느냐에 따라, 어떤 이야기를 해주느냐에 따라 아들은 태도를 달리할 거예요.

Part
2

주도적으로
현명하게
배우고 익힐

아들로
키우는 말 ································

건강과 체력

몸과 마음의 기초를 탄탄하게 만드는 힘

아들에게 건강과 체력은 다른 무엇보다도 중요해요. 건강해야 무엇이든 가능하니까요. 그런데 안타깝게도 건강할 때는 그 소중함을 살짝 놓치고 살기도 해요. 아프지 않으면 건강은 너무 당연하게 느껴지니까요. 그래서 평상시에 건강을 유지하기 위해 노력하는 일은 필수입니다.

체력도 마찬가지예요. 체력이 뒷받침되어야 공부도 할 수 있다는 사실을 부모는 유념할 필요가 있어요. 오랜만에 아들이 마음먹고 책상 앞에 앉았는데 체력이 부족해서 꾸벅꾸벅 졸면 아무 소용이 없으니까요. 아들에게 너무나 중요한 건강과 체력을 유지하기 위해 부모가 어떤 도움을 줄 수 있을지 살펴보면 좋겠습니다.

아들에게는
신체 활동이 전부다

　토요일 오전 8시에 일어나자마자 밥을 먹고 집 밖으로 나선 초등 4학년 민우. 덕분에 아빠도 덩달아 일어나 축구공을 들고 민우와 함께 나섰어요. 학교 운동장에 도착하자마자 스탠드에서 축구화를 갈아 신는 민우와 아빠. 준비 운동을 하고 나서 민우와 아빠는 축구 훈련을 시작해요. 그렇게 1시간쯤 놀고 있으니 아이들이 슬슬 오기 시작해요. 민우는 아이들과 함께 슛 연습을 하고, 아빠는 자연스럽게 골키퍼가 되었지요. 오전 9시쯤 되니 아이들이 열 명까지 늘었어요. 열 명이 두 팀으로 나뉘어서 축구를 해요. 민우 아빠는 심판이 되었지요. 미리 가져온 호루라기를 불며 심판을 봐줘요. 민우 아빠는 심판으로 유명하지만 처음 보는 아이들은 민우 아빠에게 이렇게 물어요.

"코치님, 어느 축구 클럽에서 오셨어요?"

졸지에 축구 코치가 된 민우 아빠. 하지만 혼자가 아니에요. 조금 있으면 야구 코치님이 오시거든요. 오전 11시쯤 되니 배트와 글러브를 들고 아이들이 삼삼오오 모여요. 학교 운동장이 그리 넓지 않아서 야구와 축구는 함께하기가 힘들어요. 다행히 축구를 하던 아이들이 어느덧 지쳐서 야구로 종목을 변경해요. 야구는 서로 공격과 수비를 번갈아 하고, 공격할 때는 쉴 수도 있으니까요. 배트와 글러브는 가져온 아이들 것을 빌려서 쓰면 되니까 장비 문제도 해결이에요.

아침부터 계속 아이들과 같이 놀고 심판을 보던 민우 아빠는 힘들어요. 아이들은 덜 지칠지 몰라도 어른은 정말 지치거든요. 그때 구세주처럼 승열이와 함께 등장하는 야구 코치님. 야구 코치님은 어느 야구 클럽 소속일까요? '승열이 야구 클럽' 소속이에요. 승열이 아빠거든요. 축구 코치님과 야구 코치님은 씩 웃으며 인사를 하고, 이제는 야구 코치님이 심판을 봐주기 시작해요. 덕분에 민우 아빠는 스탠드에서 아이들이 야구를 하는 모습을 보면서 잠시 휴식을 취하지요. 그렇게 2시간 정도 야구를 하다 보면 아이들은 또 축구를 하자고 해요. 그러면 다시 민우 아빠를 투입! 승열이 아빠는 휴식! 이렇게 축구 코치와 야구 코치는 열심히 협업하며 토요일과 일요일을 보내곤 했어요. 하루 종일 운동장에서 노는 아이들 덕분에 말이지요.

아들에게는 몸으로 노는 시간이 필요하다

초등학생 아들에게 가장 중요한 것은 무엇일까요? 바로 몸으로 노는 시간이에요. 당연히 공부도 중요하고, 초등 5~6학년이 되면 학원에 다니느라 시간이 없을 수도 있어요. 그래도 초등 4학년까지는 공부는 어느 정도 해야 할 분량을 집에서 열심히 하고, 나머지 시간은 책을 읽고 뛰어노는 데 할애하는 것이 좋아요. 어릴 때, 몸으로 놀아야 할 시기에 많이 뛰어놀아야 몸도 마음도 건강하게 자랄 수 있으니까요.

2023년 교육부와 질병관리청이 발표한 학생건강검사 표본 통계에 따르면 전체 학생의 29.6%가 비만군에 해당하는 과체중·비만이었어요. 성장기 학생의 비만이 문제인 이유는 질병의 유병률도 있지만, 이 시기에는 지방 세포의 수 자체가 늘어나면서 비만이 되기 때문에 어른이 되어서도 비만이 될 가능성이 크다는 점이에요. 소아 비만은 대부분 지방 세포의 수가 늘어나는 지방 세포 증식형이어서 늘어난 지방 세포의 수는 체중을 줄여도 줄어들지가 않아요. 다시 말해서 살이 찌기 쉬운 체질이 되는 것이지요. 아동 비만은 고혈압, 당뇨, 이상지질혈증 등 대사 질환에 노출될 가능성이 커져요. 한마디로 건강에 좋지 않다는 것이지요.

요즘 아이들은 정말 잘 먹어요. 음식이 좋은 만큼 많은 열량을 음식으로 받아들이는데, 그만큼 활동으로 소비해야 비만이 되지 않아요. 만약 많이 먹는데 하루 종일 앉아서 게임하고, 공부하고,

TV만 본다면 그 아이는 어떻게 될까요? 아마 머리끝부터 발끝까지 풍선처럼 둥글둥글하게 변할지도 몰라요. 그래서 아이들이 건강하게 자랄 수 있도록, 신체 활동을 할 수 있는 충분한 시간을 마련해줘야 합니다.

건강 및 인지 기능 향상에 중요한 신체 활동

부모는 아이의 건강 이야기를 접하면 '그래, 맞아. 건강이 제일 중요하지'라는 생각에 고개를 끄덕이다가도, 한편으로는 '그럼, 공부는 언제 해?'라고 생각하게 돼요. 그런데 여기서 꼭 짚고 넘어가야 할 것이 있어요. 신체 활동은 건강뿐만 아니라 인지 기능 향상에도 영향을 미친다는 사실이에요.

신체 활동이 감각 및 언어 처리에 중요한 역할을 하는 회백질의 혈류를 증가시켜 뇌 건강을 좋게 만든다는 사실은 이미 의학계에서도 오래전부터 알려져 있었어요. 하루 1시간의 운동이 알츠하이머병의 위험을 50% 정도 감소시킨다는 연구 결과도 있었고요. 2017년 국제 학술지 〈뉴로 이미지〉에 발표된 연구 결과를 보면 아이들에게 운동이 중요하다는 사실을 알 수 있어요. 미국, 스페인, 호주의 공동 연구진이 만 8~11세의 과체중 및 비만 아동 101명을 대상으로 연구한 결과, 신체 활동이 활발하면 뇌의 특정 영역 아홉 곳의 회백질이 증가한다는 것을 밝혀냈어요. 회백질은 인지와 학업의 성취 능력에 굉장히 중요해요. 그리고 유산소 운동은 기억을 관장하는 해마, 시각적 자극을 인식해 기억하는 하측두회, 학습에 관여하는 미상핵에 영향을 준다고 해요. 또 운동을 하면 심박수가 증가해 뇌의 혈류를 활발하게 만들어서 학습에도 좋은 영향을 끼쳐요.

이런 연구 결과들을 종합하면 운동은 신체뿐만 아니라 뇌와 인지 능력에도 좋은 영향을 미친다는 사실을 알 수 있어요. 결국, 가장 중요한 것은 이렇게 아는 것을 실천하는 자세입니다.

충분한 신체 활동 시간을 확보하는 방법

아들의 건강을 위해서도 학습을 위해서도 충분한 신체 활동 시간의 확보가 중요해요. 평일에는 방과 후 수업에서 축구를 하는 것도 좋고, 학교가 끝나고 운동장이나 놀이터에서 뛰어노는 시간을 줘도 좋지요. 단, 아이가 놀이터에서 놀 때 부모님이 시간이 있다면 놀이터에서 함께하는 것을 권장해요. 요즘은 학교 폭력 등 싱숭생숭한 일이 빈번하니까요. 혹시 맞벌이라 불안하다면 태권도나 합기도장에서 하루에 1시간 정도 운동할 수 있는 시간을 마련해주는 것도 하나의 방법이에요.

아이가 초등학교 때는 상대적으로 시간의 여유가 있으니, 저녁을 먹고 난 후에 온 가족이 함께 동네 한 바퀴를 산책하면 어떨까요? 주말에는 아빠와 아들이 같이 나가서 축구나 야구, 배드민턴이나 줄넘기 같은 신체 활동을 하고 오면 어떨까요? 아빠와 아들이 야외 활동을 나가게 되면 서로 가까워지는 시간을 가질 수 있고, 또 엄마는 주말에 조금이라도 푹 쉴 수 있으니 일석이조의 효과를 얻을 수도 있어요. 아들에게 신체 활동은 정말 중요해요. 그러니 아들의 일상에서 신체 활동이 반드시 충분하게 이뤄지도록 부모가 나서서 신경을 많이 써주면 좋겠습니다. 아들의 체력 관리를 조금 더 체계적으로 하기 위해서 말이지요.

"밖에서 놀까?"

아들에게는 마음껏 뛰어놀 시간이 필요해요. 마음이 자라려면 일단 몸이 튼튼해야 하니까요. 하지만 아들에게 몸으로 놀 시간이 많은지 돌아보면 실제로는 거의 그렇지 않아요. 학원에 다녀오거나, 집에서 게임을 하거나, 그냥 빈둥대거나 여러 이유로 밖에서 신체 활동을 할 시간이 별로 없거든요. 아들이 몸으로 노는 시간은 선택이 아니라 필수예요. 그러니 아들이 밖에서 충분히 놀 수 있도록 신경을 써주세요.

PAPS와
아들의 체력 관리

학생건강체력평가제도PAPS, Physical Activity Promotion System를 아시나요? 요즘 학교에서 실시하는 체력 평가 시스템입니다. 예전 학교의 체력장이나 체력 검사와 비슷하다고 볼 수 있지요. 그런데 그때는 달리기, 팔 굽혀 펴기, 윗몸 일으키기처럼 종목이 간단했다면, 지금은 체력의 검정 요소를 조금 더 세분화해서 구체적으로 평가해요. 예전에는 비만이나 체지방 등을 체력 요소로 규정하지 않았는데, 이제는 그런 것도 체력 요소로 규정해서 측정하고 있거든요.

PAPS는 필수 평가와 선택 평가로 나뉘는데, 그중 필수 평가에서는 심폐 지구력, 유연성, 근력과 지구력, 순발력, 체지방을 측정해요. 그리고 선택 평가로는 심폐 지구력 정밀 평가, 비만 평가, 자기 신체 평가, 학생 자세 평가가 있고, 학교마다 평가를 위해 측정하는 종목이 조금씩 다르기도 해요. 평가 종목은 학기 초에 안내하기에 그에 따라 아이들이 준비할 수 있어요.

향후 교육부 지침에 따라 시작 학년이 조금 내려갈 수도 있지만, 대개 초등학생은 5학년부터 PAPS를 시작해요. 많은 학교에서 왕복 오래달리기, 앉아서 윗몸 앞으로 굽히기, 팔 굽혀 펴기, 악력 검사, 50m 달리기, 제자리멀리뛰기를 실시하고 체질량 지수와 체지방률을 확인하지요. 의외로 PAPS를 하다 보면 미달하는 아이들이 많아요. 만약에 미달하면 어떻게 될까요?

4, 5등급을 받아서 미달한 아이들은 그다음 목표에 도달할 때까지 체육 시간에 따로 연습하기도 해요. 방학 때 PAPS 프로그램을 시행하는 학교는 방학에 나와서 연습해야 하고요. 물론 학교마다 다르지만, 몇몇 중학교에서는 PAPS로 수행 평가를 하기도 해서 기초 체력에 미달하면 기초 학력과 마찬가지로 골치가 아파져요. 그래서 부모는 아들이 꾸준하게 체력 관리를 할 수 있도록 도와줘야 해요. 무엇보다 친구들은 다 통과했는데, 자기만 못 하면 아들은 의기소침해질 수도 있거든요. 그러니 어려서부터 아들의 체력 관리를 확실하게 해주세요.

체력 관리 방법 ① 줄넘기

학교마다 조금씩 다르지만, 줄넘기 인증제를 시행하는 학교가 꽤 있어요. 초등 1~2학년 때는 학급별로 줄넘기를 시키기도 하고요. 만약 학교에서 줄넘기를 한다면 아이에게 따로 동기 부여를 할 필요는 없어요. 학교에서 알아서 잘하니까 굳이 집에서까지 하지 않아도 되거든요.

저녁 시간에 아이와 함께 규칙적으로 줄넘기를 몇 개 이상 하고 들어오는 루틴을 만들어놓으면 부담스럽지 않게 기초 체력을 유지할 수 있어요. 줄넘기는 10분만 해도 힘들어요. 집 앞에 나가서 하루에 20~30분만 열심히 해도 충분히 잘할 수 있으니까 규칙적으로 운동하는 습관을 들여주면 좋습니다. 매일 하기가 힘들다면 따로 일정을 정해서 아이와 함께 줄넘기를 해보세요.

체력 관리 방법 ② 달리기

해마다 학교 체육 대회나 학년별 체육 행사가 열리는데, 그때마다 이어달리기는 빠질 수 없는 종목이에요. 이어달리기를 하면 학급에서 제일 잘 뛰는 학생을 선발해서 반 대표로 내보내요. 어떻게 보면 달리기 시험인 셈이지요. 이때 남자아이들은 누가 잘 달리나 서열을 매기고, 잘 달리는 아이는 반에서 '조금 달릴 줄 아는 아이'가 돼요. 성향마다 조금씩 다르지만, 대부분 아이에게는 달리기에서 잘 뛰고 싶어 하는 마음이 있어요.

사실 달리기도 평소에 잘 뛰는 아이들이 잘 뛰어요. 선발전에

임박해 준비한 아이보다는 평소 달리기 훈련을 꾸준히 했던 아이가 잘 뛰지요. 달리기에서는 근력이 중요해요. 특히 단거리 달리기 선수는 뛰는 자세도 중요하지만, 다리에 근육량이 많은 게 유리해서 웨이트 트레이닝을 많이 하지요. 물론 아이가 웨이트 트레이닝까지 할 필요는 없어요. 평소에 줄넘기를 열심히 하고, 많이 뛰어본 아이라면 자신 있게 달리기를 할 수 있을 거예요. 그러니 평소에 줄넘기와 함께 달리기도 루틴에 넣으면 좋아요. 여의치 않다면 주말마다 축구를 열심히 하도록 독려해주는 것도 좋고요. 축구를 많이 해본 아이는 대부분 잘 뛰기 때문이에요.

중고등학생이 되면 시도 때도 없이 졸린 아이들이 많아요. 1년 정도는 사춘기라서 그럴 수 있는데, 이외의 시기에도 꾸벅꾸벅 조는 아이들이 많지요. 사실, 공부도 체력이 전부예요. 체력이 없으면 뭘 해도 피곤하고 졸릴 수밖에 없어요. 입시 관련 종사자들이 "하루에 1시간은 꼭 운동하게 해주세요"라고 조언하는 이유도 공부 막판에 체력이 없어서 지쳐 나가떨어지는 아이들이 많기 때문이에요.

초등학교는 물론이고 중고등학교 때도 아이가 하루에 일정 시간 이상은 운동에 할애해, 건강을 지키면서 공부할 때도 덜 힘들도록 부모가 나서서 도와주면 좋겠습니다. 체력은 아들을 키우는 데 있어 변방이 아니라 중심에 위치해야 한다는 사실을 기억하세요. 아들의 몸과 마음이 모두 튼튼하게 자랄 수 있는 제일 중요한 열쇠니까요.

"아빠랑 축구 할까?"

학교에서 시행하는 PAPS에서는 심폐 지구력, 유연성, 근력, 순발력, 체지방의 요소를 평가해요. 왕복 오래달리기, 앉아서 윗몸 앞으로 굽히기, 팔 굽혀 펴기, 악력 검사, 50m 달리기, 제자리멀리뛰기, 체질량 지수와 체지방률을 확인하지요. PAPS를 시행하다 보면 의외로 미달하는 아이들이 많아요. 기초 체력이 부족한 것이지요. 아들의 기초 체력을 길러주려면 부모가 조금 수고스럽더라도 함께 나가서 운동하는 일이 필요해요.

놀이는 더럽게,
먹거리는 깨끗하게

　사촌이 사는 외국에 놀러 간 초등 3학년 민우와 민우 엄마. 다 함께 찾은 놀이터에서 엄마는 깜짝 놀라요. 아이들이 손과 삽으로 흙을 파고, 온갖 나뭇가지를 그러모아서 놀고, 그러다 보니 얼굴은 흙범벅 땀범벅. 민우도 사촌 동생, 그리고 동네 아이들과 흙장난을 하며 온갖 잡동사니를 만지면서 놀아요. 더 신기한 건 놀이터에 나온 엄마들 모두 "하지 마!"라는 말을 아무도 하지 않는다는 거예요. 우리나라 놀이터였다면 모래를 만지거나 옷이 조금이라도 더러워질 때 "이제 그만해"라는 말이 여기저기서 메들리처럼 들렸을 텐데요. 물티슈를 들고 쫓아다니면서 아이에게 묻은 흙을 닦아주는 엄마들을 볼 수도 있었을 테고요. 다 놀고 집에 와서 깨끗이 씻고 나니 얼굴이 달라져요. 놀이터에서는 너무 더러웠는데, 씻고 나니 말끔해지는 얼굴. 그제야 민우 엄마는 '휴, 됐다'라고 안도해요. 더러운 모습을 안 봐도 되니까요.

면역력을 키우는 적당한 더러움

아이들이 흙을 만지면서 노는 모습, 옷을 더럽히는 모습, 얼굴에 지저분한 것을 묻히면서 배시시 웃는 모습… 천진난만하게 노는 모습이지만, 어떤 부모는 그런 모습을 싫어할 수도 있어요. 하지만 아이들은 때때로 더러움에도 노출되어야 건강을 지키면서 살 수 있다는 사실을 부모는 한 번쯤 꼭 생각해볼 필요가 있지요.

미국의 미생물학자 키란 크리스넌Kiran Krishnan은 미생물에 대한 노출은 인간의 필수 요소라고 역설합니다. 인간의 면역 체계는 미생물의 활성화가 필요한 조직으로 구성되어 있기 때문이지요. 다시 말해 너무 깨끗하게만 살면 병원성 미생물과 싸우기 힘들다는 뜻이에요. 2015년 〈직업과 환경의학〉이라는 국제학회지에 발표된 자료에 따르면, 가정 내에서의 표백제 사용이 아이들을 병원균에 더 노출시킨다는 보고가 있습니다. 또 네덜란드, 스페인, 핀란드 3개국의 6~12세 아동 9,000명을 대상으로 한 연구에 따르면, 표백제를 사용한 가정의 아이들이 그렇지 않은 가정의 아이들보다 독감, 편도선염, 기관지염, 폐렴 등에 더 많이 감염되었다고 하고요. 너무 깨끗한 것보다는 어느 정도 적당한 더러움이 아이들에게는 필요한 셈이에요.

아이들은 흙 놀이를 좋아해요. 초등학교 점심시간에 운동장 한편에서 모래 놀이를 하는 아이들을 보는 것이 어렵지 않은 이유예요. 동네 뒷산, 숲 체험장, 공원 등의 모래 놀이터에 아이들을 풀어놓으면 자연스럽게 흙 놀이를 하는 모습을 목격할 수 있을 거예요. 아이들이 좋아하는 놀이를 마음껏 할 수 있도록 해주는 것도 면역력을 키우는 좋은 일이에요.

여기서 문제가 하나 있어요. 너무 비싼 옷을 입고 있다면? 부모라면 누구나 마음 놓고 더럽게 놀라고 독려하기는 어려울 거예요. 많은 부모들이 아이들은 흙에서 놀아야 하고, 조금 더럽게 놀아도 된다는 것에는 동의해요. 그런데 아이가 새 옷이나 비싼 옷을 입었다면 마음껏 놀게 해주기는 어려울 거예요. 옷이 더러워지면 안 되기 때문이지요. 그러므로 가능하다면 아들에게 더러워져도 상관없는 옷을 입혀주세요.

건강한 식습관이 중요한 이유

꾸준한 신체 활동, 적당한 바깥 놀이와 함께 필요한 것이 건강한 식습관이에요. 면역력을 키우려면 먹거리도 정말 중요하거든요. 면역력은 70% 정도가 장에서 만들어진다고 해요. 면역계 세포의 약 70%가 점막, 특히 대장 점막에 모여 있기 때문이지요. 그래서 대장 점막을 활성화해야 하는데, 어떻게 하면 대장 점막을 활성화할 수 있을까요? 바로 장내 유익균의 종류와 수를 증가시키는 거예요. 이를 위해 부모는 아들의 먹거리에 신경을 써야 해요. 장내 세균의 먹이가 되는 곡물류·채소류·콩류·과일류 섭취하기, 방부제와 첨가물이 들어 있는 식품 섭취 줄이기, 발효 식품과 올리고당 섭취하기. 발효 식품에는 장내 유익균이, 올리고당에는 장내 유익균의 먹이가 되는 프리바이오틱스가 들어 있거든요. 아들의 면역력을 키워주려면 이에 도움이 되는 음식을 섭취할 수 있도록 세심하게 신경 써주는 일이 필요합니다.

면역력뿐만 아니라 성조숙증의 예방을 위해서도 먹거리는 중요해요. 건강보험심사평가원 통계에 따르면 2022년 한 해 동안 성조숙증 때문에 병원을 찾은 아동의 수는 17만 7,125명이에요. 2018년 10만 2,886명에서 72%나 증가한 수치지요. 이 중에서 남자아이들만 따로 떼어놓고 보면 2015년 7,040명, 2019년 1만 3,460명, 2022년 3만 2,000명으로 가파르게 증가하고 있어요. 우리나라 남자아이들에게 사춘기 시작의 적당한 시기는 초등 6학년인 만 12세 정도예요. 그런데 성조숙증은 그보다 어린아이들이 일찍 사춘기에 들어서게 만들어요. 아들이 성조숙증에 걸리면 준비되지 않은 나이에 급격하게 신체 변화가 생겨 심리적인 충격을 받고, 성장판까지 일찍 닫혀 키가 제대로 자라지 않게 되지요. 그래서 최대한 성조숙증을 예방하는 일이 필요합니다.

전문가들은 성조숙증의 원인으로 크게 두 가지를 꼽아요. 첫째는 비만, 둘째는 환경 호르몬이에요. 비만은 몸속에 축적된 체지방이 성호르몬의 분비를 촉진시켜 성조숙증의 확률을 높여요. 플라스틱 등 환경 호르몬 또한 우리 몸에서 성호르몬과 유사한 역할을 하면서 내분비계의 질서를 망가뜨립니다. 대표적인 환경 호르몬으로는 비스페놀, 파라벤, 트리클로산, 프탈레이트 등이 있어요. 이 중에서 비스페놀이 성조숙증과 가장 관계가 높고, 어린 시기에 노출될 경우 난임, 당뇨병, 비만 등의 질환을 유발할 수 있습니다.

먹거리는 비만 예방에도 중요하지만 환경 호르몬의 영향을 덜 받기 위해서도 중요해요. 요즘에는 환경 호르몬에 노출된 먹거리가 많으니까요. 비스페놀 A와 접촉하게 만드는 인스턴트식품의 포장 용기, 암과 ADHD(Attention Deficit/Hyperactivity Disorder, 주의력결핍과잉행동장애)를 유발할 수 있는 타르 색소가 들어간 아이스크림 등 아들에게 해로운 먹거리가 주변에 참 많아요. 나쁜 먹거리가 즐비한 상황에서 부모는 '어떻게 하면 건강하게 먹일 수 있을까?'를 깊이 고민해야 합니다. 패스트푸드와 인스턴트식품을 멀리하고 건강한 먹거리를 먹인다면 올바른 식습관은 자연스럽게 따라올 거예요.

아들이 흙 놀이처럼 다소 지저분하게 놀 때는 조금 더러워지더라도 살짝 눈감고 지켜봐주는 태도. 최대한 깨끗하고 건강한 먹거리를 먹이려는 노력. 놀이는 더럽게, 먹거리는 깨끗하게! 이처럼 두 가지가 양립할 때 아들은 조금 더 건강하고 밝게 자랄 수 있을 거예요.

"조금 더러워도 괜찮아."

모래 놀이를 좋아하는 아이들, 개미를 보며 슬쩍 땅바닥에 손을 대는 아이들… 이런 아이들에게 어떤 부모는 더러운 것을 만지는 행동을 제약하기도 해요. 하지만 때로는 아들도 더러운 환경에 노출되어야 면역력도 향상되고, 더 건강하게 자랄 수 있다는 사실. 혹시라도 아들이 땅바닥에 엉덩이를 푹 깔고 앉아서 놀고 있다면, 손에 더러운 것을 잔뜩 묻히면서 신이 난다면 그냥 둬도 괜찮아요. 나중에 집에 와서 한꺼번에 씻으면 되니까요.

잠도 관리가
필요하다

초등 6학년 수업 시간. 1교시를 시작하려고 하는데 민우가 책상에 엎드려 자고 있어요. 선생님은 일어나라고 말해요.

"민우야, 일어나야지. 수업 시간이야."

"…."

민우는 자느라 말이 없고, 선생님은 답답해요.

"선생님, 민우가 어제 새벽 3시까지 게임하느라 잠을 못 잤대요."

민우 대신 옆에 있던 친구가 말해요. 그제야 선생님은 어떤 상황인지 파악할 수 있었어요. 새벽까지 게임을 하느라 잠을 못 잔 민우, 그래서 부족한 잠을 학교에 와서 보충하는 상황. 하지만 수업 시간이기에 선생님은 민우를 깨웠어요.

"민우야, 화장실 가서 세수하고 와. 새벽까지 게임하지 말고…."

그렇게 수업은 시작되었고, 민우는 수업 내내 고개를 꾸벅꾸벅 떨궜어요. 졸음에는 장사가 없잖아요. 그렇게 민우는 피곤한 하루를 보내고 집으로 돌아가서 낮잠을 잔 다음에 다시 게임을 하기 시작했어요. 새벽까지 말이지요. 그나마 초등학교는 조금 덜한 편이지만, 중학교에서는 학교에 와서 엎드려 자는 아이들을 빈번하게 목격할 수 있어요. 새벽까지 게임을 하는 아이들, 종종 새벽까지 학원 숙제를 하고 졸린 나머지 학교에서 자는 아이들. 이렇게 낮과 밤이 바뀐 생활이 아이에게는 좋지 않은데도 말이에요.

아들에게 잠이 중요한 이유

성장기 초등학생 아들에게는 잠이 정말 중요해요. 하지만 잠도 신경 쓰지 않으면 아들은 늦게 자기 마련이에요. 대한수면의학회에서는 초등학생은 하루에 최소 9시간, 중고등학생은 8시간 30분을 자야 한다고 권고해요. 하지만 실제 아이들의 수면 시간은 권장 시간에 많이 미치지 못하는 것이 현실이지요. 우리나라 아이들의 평균 수면 시간을 살펴보면 초등학생은 8시간, 중고등학생은 6시간이에요. 초등학생은 1시간, 중고등학생은 2시간 30분이나 잠이 부족한 것이지요. 게다가 중고등학생 중 10%는 하루 수면 시간이 4시간 이하밖에 되지 않는다고 해요.

잠이 부족하면 건강에도 안 좋은 영향을 끼칩니다. 잠이 부족하면 신체적인 불균형이 생기거든요. 수면학자들은 잠이 부족한 학생 중 대다수가 ADHD로 오해받을 수 있다고 이야기합니다. 잠이 부족하면 면역력이 떨어지고 스트레스가 증가하기 때문이지요. 스트레스는 아들을 공격적이고 충동적으로 만듭니다. 잠이 부족해서 만들어진 공격성과 충동적인 행동이 ADHD 증상처럼 보이는 것이지요. 또 부족한 잠은 집중력에도 치명적이에요. 사람의 뇌는 잠을 자면서 정보를 정리하는데, 잠은 뇌의 시냅스를 정리하고 제거하는 역할을 해요. 쓸데없는 정보를 정리해서 뇌에 공간이 생겨야 두뇌 회전이 빨라집니다. 그런데 잠이 부족하면 뇌가 정보를 정리할 시간이 부족해서 집중력이 떨어져요.

잠을 잘 자기 위한 시간 관리

아들이 잠을 늦게 자는 이유는 시간 관리가 제대로 안 되기 때문이에요. 아들의 일과를 한번 살펴볼까요. 대부분의 아들은 저녁까지 할 일을 제대로 하지 않고 놀고 있다가 저녁을 먹고 또 놀아요. 그러고 나서 잠자기 직전에 "아, 숙제 안 했다!"라면서 그때서야 할 일을 시작하지요. 학교를 마치고 조금 놀다가 TV를 보고, 게임을 하면서 계속 시간을 보내다가, 저녁이 되었는데도 숙제나 할 일을 안 하고 그냥 자려고 하는 아들. 엄마 아빠가 옆에서 "숙제했어?" 혹은 "너 할 일은 했어?"라고 물어보면 그제야 자기 할 일을 시작하는 아들. 이렇게 시간 관리가 잘되지 않아 늦은 저녁부터 할 일을 하는 아이들이 꽤 많아요. 자는 시간이 당연히 늦어질 수밖에 없는 이유지요. 그런데 이런 아이들에게 왜 늦게 잤냐고 물어보면 이렇게 대답하는 게 다반사예요.

"공부하다가 늦게 잤어요."

기억의 왜곡이 참 신선하지요? 끈기 있게 놀다가 저녁에 겨우 공부를 조금 해놓고선 '공부만' 하다가 늦게 잔 것처럼 말하니까요. 부모가 이런 아들에게 가르쳐야 할 것은 시간을 쪼개는 방법이에요. 규칙적인 생활을 하고 제대로 잠을 충분히 잘 수 있도록 해주는 것이지요. 깨어 있는 시간에 이뤄지는 무분별한 TV 시청, 일정 시간 이상의 게임 등 생산적이지 않은 활동에 대해서는 아들과 함께 규칙을 정해서 시간 관리를 잘할 수 있도록 가정에서도 지도해줄 필요가 있어요.

> **시간 관리를 위해 실천할 수 있는 일**

- 시간 계획표 짜기
- 공부 시작 전 계획을 이야기하기
- 시간대별로 한 일을 기록하기
- 잠자기 전 시간 사용에 대해 생각하기

만약 아들이 늦게까지 깨어 있다면 부모는 경각심을 가져야 합니다. 밤늦게까지 숙제를 하거나 공부를 한다면 조금 더 일찍 하고 더 많이 쉴 수 있도록 도와줘야 하지요. 아들이 낮에 무엇을 했는지를 점검해주고, 밤에 제대로 충분히 잘 수 있도록 관리하고 감독해줘야 합니다. 충분한 수면이 건강에 필수적이기 때문이에요.

"지금은 잘 시간이야."

아들의 성장과 건강을 위해서 잠을 잘 자는 일은 필수예요. 하지만 난관이 정말 많아요. 실컷 놀다가 자기 전에야 숙제하고 일기를 쓰는 아들. 자려고 누우면 물 마셔야 하고, 물 마셨으니 화장실도 한 번 다녀와야 하고, 뒤척이다가 늦게 자기도 해요. 그래서 일정한 수면 시간을 위해 정해진 시간에 잠자리에 드는 일은 반드시 지켜야합니다. 아이가 제대로 푹 잘 수 있도록 시간 관리를 도와주세요.

아플 때는
쉬어가기

○ **아파도 학교에 보내야 하는 상황**

아들   엄마, 배가 아파요. 열도 조금 나는 것 같고요.

엄마   (머리를 만지며) 열이 조금 있긴 있네. 그래도 학교는 빠지면 안 되지.

아들   오늘 하루만 쉬면 안 돼요?

엄마   아파도 학교에서 아파야지. 얼른 학교 가.

아들   …

아들이 아프면 가정마다 대응하는 방식이 달라요. 아이가 많이
아파도 학교에 보내는 부모님이 있고, 조금밖에 안 아픈데도 학교

에 가지 말고 집에서 쉬라는 부모님이 있지요. 아이를 학교에 보내는 부모님은 근면과 성실을 강조할 가능성이 크고, 집에서 쉬게 해주는 부모님은 건강과 회복을 강조할 가능성이 커요. 만약에 이런 상황이 일반적인 수업이 아니라 현장 체험 학습이라면 어떨까요?

> ○ **현장 체험 학습을 가는 날에 아픈 상황**
>
> 엄마 선생님, 안녕하세요. 저희 민우가 오늘 아프긴 한데 현장 체험 학습을 너무 가고 싶어 해서요. 그냥 보내려고 하는데 괜찮을까요?
>
> 선생님 어머님, 민우가 많이 아픈가요?
>
> 엄마 어제부터 장염이어서 설사가 좀 있어요. 그런데 너무 가고 싶어 해서요.
>
> 선생님 활동하기가 힘들 것 같은데요.
>
> 엄마 그래도 보내면 안 될까요?

아이들이 아프면 일반적인 수업을 하는 날은 빠지기 마련인데, 현장 체험 학습을 가는 날은 출석률이 높아요. 아무래도 아이들이 현장 체험 학습을 좋아하기도 하고, 부모님들도 이미 수익자 부담으로 입금한 현장 체험 학습 비용이 아깝기도 하거든요. 이때 안타까운 사실은 학교에 있는 날은 아이가 아프면 돌봐줄 보건 선생님이 있지만, 현장 체험 학습을 가는 날은 아이가 아프면 전적으로 돌봐줄 사람이 없어요. 그래서 가뜩이나 아픈 아이가 현장 체험 학습에 가서 더 아프게 될 수도 있어요.

특히 남자아이들은 골절로 깁스를 하고도 현장 체험 학습을 따라가고 싶어 하는데, 다녀와서 상황이 나빠지는 경우도 있어요. 장염 등 배가 아픈 아이들은 버스에서 실례하는 등 난감한 일에 처하기도 해요. 열이 나는 아이들은 열이 심해지거나 버스에서 토를 하기도 하고요. 그래서 아이가 아플 때는 일반적인 수업이든 현장 체험 학습이든 아이가 집에서 컨디션을 충분히 회복할 수 있도록 잘 보살펴주세요.

감염병에 걸렸을 때 해야 할 일

종종 홍역, 수두, 수족구 등 감염병에 걸렸는데도 학교에 오는 아이들이 있어요. 대부분 맞벌이 가정에서 아이를 돌봐줄 사람이 없어서 학교에 보내곤 하는데, 참 안타까운 일이에요. 아이가 아픈데 집에서 돌봐주기 어려운 형편은 말이지요. 저도 아이들이 어렸을 때는 정말 난감하더라고요. 밤새 잘 자고 일어나서 갑자기 아프다고 하면 출근을 안 할 수도 없고 어떻게 해줄 수가 없으니까요. 그럴 때는 여성가족부의 아이돌봄 서비스 중 '질병감염아동지원 서비스'를 이용하는 것도 하나의 선택지예요. 아이가 감염병에 걸려 불가피하게 결석을 할 때 이용 가능한 서비스입니다.

감염병에 걸리면 내 아이의 건강뿐만 아니라 다른 아이들의 건강과도 밀접한 관련이 있어 등교가 법적으로 금지되어 있어요. 학교보건법 시행령 제22조에 의해 감염병에 걸린 아이들은 등교 중지 명령을 받고, 결석하더라도 출석을 인정해줘요. 법정 감염병은 여러 가지가 있지만, 아이들이 주로 잘 걸리는 병은 홍역, 풍진, 유행성이하선염, 수두, 인플루엔자, 수족구, 성홍열, 유행성 각결막염, 코로나 등이 있어요. 그래서 아이가 이런 질병에 걸리면 우선 담임 선생님에게 알리고 치료를 받은 후, 병원에서 '전염성이 없다' 혹은 '완치'라고 쓰인 소견서나 진단서를 받아서 학교에 제출하면 출석 인정을 받을 수 있어요. 한때는 코로나도 심각한 감염병이었지만, 이제는 위기 경보 단계가 하향되면서 격리도 권고 사항이며, 출석 인정을 받을 수 있어요.

부모 마음으로는 한 번도 아프지 않으면 좋겠지만, 아들은 자라면서 종종 아플 때가 있어요. 다칠 때도 있고요. 그럴 때 충분히 쉬면서 잘 나을 수 있도록, 그리고 행여라도 감염병에 걸린다면 아들의 병이 다른 아이에게 전염되지 않도록 신경을 쓰면 좋겠습니다. 아플 땐 쉬어가기! 아들의 건강한 일상생활과 학교생활을 위해 부모가 유념해야 할 한마디를 나중을 위해서 꼭 기억하세요.

"아플 때는 쉬어야지."

아들이 아픈 날. 어느 정도 활동을 할 수 있다면 학교에 가도 되지만, 컨디션이 너무 안 좋거나 회복할 시간이 필요하다면 충분히 휴식을 취하도록 배려해주는 일도 필요해요. 아플 때는 푹 쉬어야 빨리 나을 수 있으니까요. 특히 유행성 각결막염이나 인플루엔자처럼 감염병에 걸린다면 출석 인정도 되므로 가정에서 충분한 휴식을 취할 수 있도록 신경을 써주세요.

Chapter
05

공부력
지식과 지혜의 기반을 다지는 힘

초등학생의 공부는 부모와 아들 모두에게 극기 훈련과 같아요. 초등 1~2학년의 받아쓰기부터 일기, 독서록, 연산까지 주어지는 과업을 해내는 일부터가 어렵거든요. 부모는 아들이 열심히 하도록 도와줘야 하고, 아들은 하기 싫더라도 참고 해내야 하지요. 서로 힘들지만, 이런 과정에서 아들은 하루 일과를 소화하고 그 일과를 유지하는 법을 배워요. 별일 아닌 것처럼 보여도 장차 성인이 될 아이에게는 큰 힘이 되어줄 능력이에요. 하기 싫은 일을 하고 싶은 일로 만들기는 어렵겠지만, 적어도 그런 일이 가치 있다는 믿음과 그 과정에서의 뿌듯함을 아들이 느낀다면 분명 공부를 하면서 자기만의 힘을 찾고 얻어낼 거예요. 그러니 '그렇게 공부하도록 어떻게 도와줄 수 있을까?'를 고민해보면 좋겠습니다.

아들의 집중력을
길러주는 탁월한 방법

○ **상황 ① 물 마시기**

엄마 뭐야? 공부하다가 또 일어나?

아들 물 마시려고요. 물도 못 마셔요?

엄마 마셔!

○ **상황 ② 화장실 가기**

엄마 뭐야? 책상 앞에 앉은 지 얼마나 되었다고 또 일어나?

아들 화장실 가려고요. 화장실도 못 가요?

엄마	가!

○ 상황 ③ 준비물 찾기

엄마	왜, 또?
아들	지우개가 없어요. (지우개 찾느라 10~20분 지나감)
엄마	…. (할 말을 잃음)

○ 상황 ④ 책상 치우기

엄마	책상은 왜?
아들	지저분해서요.
엄마	놀 때나 그렇게 치우지.

아들이 공부할 때 종종(?) 집중하지 못하는 모습을 보여서 부모는 답답해질 때가 있어요. 10분 정도 공부하다 일어나고, 조금 후에 또 일어나는 모습. 아들의 집중력은 왜 이렇게 짧은 걸까요? 하지만 크게 걱정하지 않아도 괜찮아요. 집중 시간이 길지 않은 건 초등 아이들의 특성이에요. 학교에서도 수업 시간 40분을 두세 개의 활동으로 구성해요. 그러면 하나의 활동에 15분 내외로 시간을 배정할 수 있거든요. 또래 아이들이 모여 있는 교실에서는 가정에서보다 집

중할 가능성이 커져요. 다 같이 모여 있기에 '공부를 해야 한다'라는 마음이 무의식 속에 자리를 잡거든요. 그런데도 활동 시간이 15분인 이유는 그만큼 아이들이 집중하기를 힘들어하기 때문이에요.

집에서는 집중하기가 훨씬 더 힘들어요. 그래도 학교 수업 시간은 정해진 틀이 있어 아이들이 순응하면서 공부할 확률이 높아지는데, 집에서 하는 공부는 학교 수업보다 훨씬 자유롭거든요. 시간을 마음대로 정해도 되고, 공부하다가 일어나서 딴짓하는 일도 왠지 편안하게 느껴지고요. 여기에 엄마 아빠는 선생님과는 달리 세상에서 제일 편한 사람이기 때문에 "공부하자"라는 말을 한 귀로 흘려보내기도 쉬워요. 집에서 공부시키는 게 어려운 이유예요.

아이들은 정말 딱 10분 정도 공부하다가 하기 싫다고 징징대기도 해요. 또는 "좀 쉬었다가 할게요"라고 말하면서 10분 공부하고 20~30분을 쉬기도 하고요. 그런가 하면 그냥 학습지 앞에서 멍하니 아무것도 안 하는 아이도 있어요. 초등학생 아들을 공부시키는 일은 절대 만만하지가 않아요. 하지만 부모가 아들이 집중할 수 있는 여러 가지 방법을 실천한다면, 그래도 아들은 어느 정도 집중해서 공부하는 모습을 보여줄 거예요.

피드백 주기는 짧게 한다

아들이 집중하는 모습이 마음에 들지 않는다면 아예 집중 시간을 짧게 가지는 것이 좋아요. 예를 들어 집에서 수학 학습지를 푼다면 아이의 집중 시간을 고려해서 피드백을 주는 것이지요. 한 장도 못 풀고 딴짓을 한다면 두세 문제를 풀고 나서 채점하고, 틀린 문제는 피드백을 하고, 그다음 문제를 풀도록 해주는 거예요. '혼자 알아서 잘하겠지' 하는 마음을 버리고, '옆에서 도와주면 조금 더 집중하겠지' 하는 마음으로 말이지요. 부모에게는 조금 힘든 방법이긴 하지만, 아들에게는 때때로 좋은 처방이 되기도 해요. 아들이 몰입할 수 있도록 도와주거든요.

문제 해결에 대한 피드백을 줄 때 아들의 뇌에서는 신경 전달 물질인 도파민이 분비돼요. 성취감을 느끼기 때문이지요. 의욕과 흥미를 자극하는 도파민은 게임을 할 때나 스마트폰을 할 때도 분비돼요. 사실 도파민 때문에 게임을 끊기가 어려운 거예요. 뇌 속에서 흥분을 일으키는 강력한 보상 시스템이거든요.

그런데 이러한 도파민이 피드백을 줄 때도 나오기 때문에 부모는 피드백에 조금 더 신경을 쓸 필요가 있어요. 당장 아이와 공부할 때 피드백의 주기를 짧게 해보세요. 몇 문제를 풀고 채점하고 피드백을 주는 일을 직접 해보면 왜 그런지 바로 이해할 수 있을 거예요. 밀착해서 공부를 봐주면 엄마 아빠가 수고롭기는 하겠지만 아들이 공부에 몰입하는 힘은 훨씬 커지거든요.

저는 아이들이 초등학생 때 이 방법으로 효과를 많이 봤어요. 식탁에 옹기종기 모여 앉아서 한 문제를 풀고 채점하고 피드백을 주면서 말이지요. 채점할 때 '맞혔나? 틀렸나?' 확인하려고 눈을 크게 뜨는 아이의 모습. 맞혔을 때는 신나고 틀렸을 때는 살짝 실망도 하지만, 피드백을 준 다음 다시 풀고 채점했을 때 맞혀서 기뻐하는 모습. 그리고 또다시 다음 문제를 풀기 위해 집중하는 모습. 이런 모습을 보면 '힘들지만 그래도 신경 써주는 게 좋구나'라는 생각이 저절로 들더라고요.

심리적 허들을 낮춰준다

"매일 일정 분량의 공부를 하는 일, 사실 어느 정도 습관만 잡아놓으면 쉬워요"라고 이야기하고 싶지만, 이 또한 아들과의 실랑이를 피할 수 없는 일이에요. 아들이 공부로 부모와 실랑이를 하는 이유는 간단해요. 일단 하기가 싫어서 그래요. 공부는 잘하고 싶지만, 노력은 하기 싫은 게 아들 마음이라서요. 때로는 책상 앞에 앉아 있기조차도 싫어하는데, 그 이유는 해야 할 일이 거대하게 느껴지기 때문이에요. 그날의 숙제나 공부의 실제 분량과는 상관없이 막연하게 많아 보인다고 생각해서 하기 싫어하는 것이지요.

그래서 아들과 공부를 시작하기 전에는 그날의 할 일을 상기시켜주는 것이 좋아요. 조그만 포스트잇에 그날의 할 일을 써서 보여주는 것도 괜찮고요. 아들은 그날의 할 일을 시각적으로 보여주면 말로만 전달하는 것보다 쉽게 파악해요. 남자아이들은 시각 자극에 반응하는 우뇌가 발달해서 눈으로 보는 것에 더 반응하는 경향이 있거든요. 그래서 공부를 막연하게 생각할 때 '아, 언제 다하지? 하기 싫다'라는 마음을 '어? 세 개만 하면 되네? 조금만 더 하면 되겠다'라는 마음으로 바꿔줄 수 있어요.

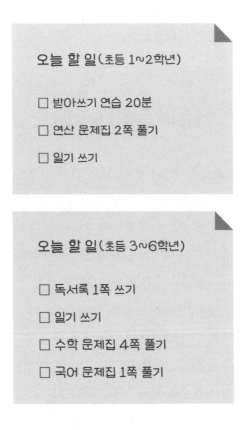

오늘 할 일(초등 1~2학년)

☐ 받아쓰기 연습 20분
☐ 연산 문제집 2쪽 풀기
☐ 일기 쓰기

오늘 할 일(초등 3~6학년)

☐ 독서록 1쪽 쓰기
☐ 일기 쓰기
☐ 수학 문제집 4쪽 풀기
☐ 국어 문제집 1쪽 풀기

명확한 목표를 제시하는 것은 심리적인 이점과 함께 뇌 과학적인 이점도 있어요. 뇌 과학자들에 따르면 목표를 수립할 때 집중력을 유지시키는 신경 전달 물질인 아세틸콜린이 분비된다고 해요.

심리적인 허들을 낮춰주는 동시에 집중력을 유지시키도록 동력을 주는 것이 바로 목표인 셈이지요. 아들이 공부를 시작한다면 그날의 과업을 시각적으로 간단하게 제시해주세요. 아들이 집중하는 모습을 조금 더 쉽게 목격할 수 있을 거예요.

아들의 집중력을 높이는 3가지 놀이

아들은 점점 성장하면서 집중하는 시간도 점차 늘어납니다. 초등 1~2학년은 대략 15분 정도의 집중력을 보여요. 그래서 학교에서 수업을 계획할 때도 하나의 활동에 15분가량을 할애하지요. 초등 3~4학년은 아이마다 편차가 있지만 대략 15분에서 40분 정도 집중이 가능하고, 초등 5~6학년이 되면 40분에서 1시간을 집중해서 과업을 수행하는 아이들이 등장합니다.

당연히 집중하는 것도 어느 정도는 훈련이 필요해요. 만약 아이가 놀면서 시간 가는 줄 모르고 집중을 한다면 크게 걱정할 필요는 없어요. 자신이 좋아하는 놀이(컴퓨터나 스마트폰 게임, 숏폼 시청 등은 제외)를 하면서 집중하는 경험을 쌓아가면 공부할 때도 많은 도움이 될 거예요. 특히 종이컵 놀이, 블록 놀이(레고), 종이접기는 집중력 향상에 도움이 되는 놀이예요. 마트에서 종이컵을 두 박스 정도 사서 아들에게 갖고 놀라고 주면 1~2시간은 거뜬히 놀아요. 시간이 많을 때 아들에게 종이컵 쌓기를 권해보세요. 집중하는 눈빛에 놀라게 될지도 모릅니다.

블록 놀이도 아들의 집중력 향상에 효과적이에요. 뭔가를 만들면서 집중하고, 또 만들고 나서 상상하며 노는 즐거움은 블록 놀이가 가진 묘미지요. 많은 남자아이들이 블록 놀이를 할 때 시간이 가는 줄 모르고 집중해요. 또 블록 놀이처럼 계속 미세하게 손을 조작하는 놀이는 소근육 발달이 상대적으로 더딘 초등 저학년 남자아이들의 손가락 힘을 기르는 데도 도움이 돼요. 대부분의 남자아이들이 손가락 힘이 부족해서 글씨를 쓰는 데 어려움을 겪거든요. 따라서 집중력뿐만 아니라 손가락 힘을 위해서도 블록 놀이는 효용이 있어요.

만약 아들이 종이접기를 좋아한다면 종이접기에도 시간을 충분히 쓰게 해주세요. 초등 1~2학년 남자아이들은 성향 탓인지 종이접기를 잘하는 경우가 드물거든요. 학교에서 수업 시간에 자신감으로 어깨를 으쓱하게 만들어주려면 집에서 '대문 접기(종이를 반으로 접는 기본 기술)'와 '다림질(다림질처럼 접은 종이를 반듯하게 손톱으로 눌러주는 기술)' 등을 연습하면서 자신이 만들고 싶은 자동차나 여러 가지 모양을 접게 해주면 좋아요. 손가락 힘을 기르는 데도, 오랫동안 열심히 집중하는 시간을 갖게 해주는 데도 종이접기는 훌륭한 놀이입니다.

"한 문제씩 풀어볼까?"

한 번에 많은 분량을 공부하는 것을 지루해하는 아들이라면 학습의 단위를 짧게 잘라서 바로 피드백을 주는 게 효과적이에요. 적은 분량을 공부하면서 바로바로 학습한 내용을 파악했는지, 그러지 못했는지 피드백을 주면 아들은 공부에 흥미를 붙일 가능성이 커지거든요. 조금씩 커지는 흥미는 공부에 집중하는 힘을 길러줄 테고요. 물론 힘이 들겠지만, 아들에게 꼭 말해주세요. "우리, 지금부터 한 문제씩 차근차근 풀어볼까?"

현행과 선행 사이,
유연함이 필요하다

우리나라에서 공부는 입시와 떼려야 뗄 수가 없어요. 학교에서는 인격을 도야하고 자주적 생활 능력과 민주 시민으로서 필요한 자질을 갖춰 인간다운 삶은 영위하는 것을 교육 과정의 목표로 삼아요. 그런데 부모가 아이를 공부시키는 목표는 무엇일까요? 아마도 입시에서 좋은 결과를 거둬 좋은 학교에 입학해서 좋은 직장을 갖게 만드는 것이 아닐까요? 기-승-전-대학 입학으로 귀결되는 부모의 욕망. 누구나 내 아들이 다른 아이들과 비교했을 때 우위를 차지하면 좋겠다는 마음을 갖고 있어요. 부모로서는 당연한 마음이지요. 입시에서 성공하면 그래도 편안하게 살 수 있는 확률이 높아지니까요.

이런 마음은 당연히 어쩔 수 없지만, 아들이 초등학생 시절의 여유를 누리는 동시에 중고등학생이 되어서도 공부를 잘할 수 있게 도와주려면 부모는 시기별로 전략을 현명하게 세울 필요가 있어요. 입시도 중요하고, 아들이 행복하게 사는 일도 중요하기 때문이지요. 여기서 반드시 생각해야 할 것은 세상은 넓고 사람은 많다는 거예요. 입시는 하나의 방법, 하나의 전략만이 통하지 않아요. 아이가 100명이라면 방법도 100가지가 될 수 있는 것이 입시의 세계입니다.

앞으로 이어질 이야기는 제 경험으로, 그리고 주변을 둘러봤을 때 '이런 방법도 통할 수 있구나'라는 가능성의 영역이에요. 그러니 앞으로의 이야기도 살펴보고, 주변의 이야기도 경청하고, 또 다른 이야기도 참고해서 우리 아들만을 위한 전략을 세워보세요. 이때 전략은 무엇보다 유연해야 한다는 사실도 잊지 말기를 바랍니다.

초등 1~4학년, 선행보다는 현행을 확실히

초등 1~4학년은 상대적으로 학습 부담이 많이 없는 시기예요. 이렇게 이야기하면 "받아쓰기, 연산 문제 풀기, 일기 쓰기, 독서록 쓰기로도 충분히 스트레스를 받는데 무슨 학습 부담이 없지요?"라고 반문하는 분도 있을 거예요. 맞아요. 아이들은 그런 것들로 충분히 스트레스를 받고 있고, 부모는 아이에게 받아쓰기 하나도 연습시키기가 쉽지 않아요. 하지만 부모와 아이 모두 초등 1~4학년 시기에는 공부로 스트레스를 받을 필요도, 줄 필요도 없습니다. 사실 초등 1~4학년은 학교 공부만 잘 따라가도 성공인 시기예요. 한글 해득도 어른에게는 쉬워 보이지만, 어린 아들에게는 큰 산을 오르는 것처럼 버겁고 어려워요. 연산도 마찬가지고요. 초등 1~2학년 때의 받아쓰기, 초등 3~4학년 때의 독서록이나 배움 공책 쓰기, 그리고 매일의 연산 등 조금씩 해야 할 일만 하는 것도 힘들어요.

그런데 선행까지 해야 한다? 그러면 아들은 정말로 스트레스를 많이 받을 거예요. 그 과정을 조력해야 하는 부모도 그렇고요. 학원에 보낸다고 해도 그걸로 100% 다 되지 않는 게 공부예요. 학교든 학원이든 숙제는 부모가 집에서 봐줘야 하는데, 그게 참 쉽지가 않아요. 그래서 이 시기에 선행을 하는 것은 아들에게도 부모에게도 힘든 시간이 될 가능성이 커요. 초등 1~4학년 때 가장 중요한 것은 학교 공부를 제대로 하고 책을 많이 읽는 거예요. 책을 읽고 독후 활동을 하면서 함께 책 이야기를 나누는 것이 공부 머리의 기본이 되니까요. 너무 조바심이 난다면 영어는 엄마표로 집에서 진행하는 것도 좋아요. 영어는 초등 3학년 때부터 학교에서 배우기 시작하는데, 초등 1학년 2학기 정도부터 영상을 통해서 인풋을 쌓아주고, 간단한 그림책을 같이 읽으면서 꾸준히 노출을 시켜주면 초등학교를 졸업할 때쯤에는 잘할 수 있어요. 기억하세요. 초등 1~4학년 시기의 공부 키워드는 현행 공부, 책 읽기, 엄마표 영어입니다.

초등 5학년, 선행 학습의 기로

초등 4학년까지는 현행 학습과 책 읽기를 하면서 '내 아들의 속도'에 집중했다면, 초등 5학년부터는 내 아들의 속도와 다른 아이들의 속도를 비교해볼 필요가 있어요. 초등 5학년부터는 공부 내용이 어려워지고 학습량이 늘어나거든요. 그리고 부지런하게 열심히 공부한다면 일찍 시작한 아이들의 속도를 따라잡는 것도 가능하고요. 그나마 중학교는 덜하지만, 고등학교 공부는 학습량이 따라가기 힘들 만큼 많아요. 한 번에 이해하기도 쉽지 않고요. 중학교 때까지 잘하다가 고등학교에 가서 성적이 나오지 않는 아이들도 많기에 '내 아들이 지금부터 고등학교 때까지 경쟁력을 가지려면 어떻게 해야 할까?'라고 고민하는 일도 필요해요.

소위 학군지의 학원에서는 초등 3학년 때부터 선행 진도를 가르치기 시작해요. 요즘은 그마저도 더 빨라지는 추세예요. 보통 동네에서는 초등 4학년부터 진도를 나가기 시작하고요. 이때부터 부모의 본격적인 고민이 시작돼요. '아, 이제부터는 정말 달려야 하나?' 남들처럼 시키면 안심은 되지만 그만큼의 효율은 없을 것 같고, 아들도 힘들 것만 같아요. 그렇다고 남들처럼 안 하자니 조바심이 생기기도 해요. '나중에 따라갈 수 있을까?'라고 걱정이 되기도 하고요. 그런데 초등 4학년까지 학교 공부를 잘 따라갔다면 조바심은 내려놓아도 괜찮아요. 충분히 다른 아이들과 보조를 맞출 수 있기 때문이지요.

하지만 초등 5학년부터는 한 번쯤 선행에 대해 고민할 필요가 있어요. 선배 부모의 이야기도 들어보고, 내 아이의 학습 태도도 살펴보면서 언제부터 공부에 조금 더 많은 시간을 투자해야 할지 전략을 세워봐야 하거든요. 자유 학기제도 있고, 절대 평가라서 상대적으로 느슨한 중학교까지는 어느 정도 공부의 기틀을 잡아놓아야 상대 평가인 고등학교 내신과 수능에서도 좋은 결과를 얻을 수 있기 때문이에요.

만약에 아들이 공부에 의욕을 갖고 자기 주도 학습을 하고 있다면 초등 6학년부터 학원에 보내도 괜찮아요. 물론 처음에는 학원 수업과 숙제에 압도당해서 조금은 힘들어할 수도 있지만, 어려서 공부 기초 체력이 길러진 아이라면 충분히 따라갈 수 있지요. 그런데 아들이 너무 공부하기 싫어하고, "왜 공부해야 해요?"라는 말을 달고 산다면 초등 5학년 초반부터 학원에 보낼 필요도 있어요. 공부 분위기에 적응하는 것이 우선이기 때문이지요. 비록 아이는 학원에서 잘 따라가지 못해 괴로워하고, 부모는 숙제를 봐주기 힘들다고 하더라도 1~2년 정도 적응 기간이라고 생각하고 보내놓으면 점점 적응할 가능성이 커져요.

'선행은 절대 안 돼'라며 선행 학습에 대해 고정 관념을 가진 부모도 있고, "유치원 때부터 달려야 하는 거 아니에요?"라면서 선행 학습만이 답이라고 여기는 부모도 있어요. 그런데 선행 학습은 한쪽으로 치우쳐 생각하기보다는 전략적으로 폭넓게 바라봐야 해요. '선행 학습을 해야 한다, 말아야 한다'에서 벗어나 '입시를 생각한다면 어떤 방법이 도움이 될까? 언제 어떻게 아들이 공부할 수 있게 도와줘야 할까?'를 고민해야 하지요. 한마디로 유연함이 필요하다는 거예요.

아들의 공부와 입시를 생각하면 부모는 조바심이 앞설 수밖에 없어요. 사실 조바심 때문에 너무 힘들게 아들을 몰아치게 될 수도 있고요. 그럴 때 부모가 전략적으로 생각할 수 있다면 지금 이 시기에 무엇을 해야 할지, 어떤 방식이 나을지 더 좋은 방향을 아들에게 제시해줄 수 있을 거예요. 입시에 관해서만큼은 여러 사례를 접하고 많이 고민한 다음에 아들에게 맞는 전략을 세워보세요. 분명 아들이 효율적으로 공부하도록 도와줄 수 있을 것입니다.

"우리 함께 심화 문제를 풀어볼까?"

점점 어려워지는 학교 공부. 어릴 때는 학교 공부를 따라가는 것만으로도 벅차요. 그런데 어느 시점부터는 학교 공부 이외의 것을 더 해야 할 필요도 있어요. 중고등학교에 가서 한 번에 이해하기 어렵기 때문이에요. 미리 한 번 공부해놓으면 조금은 이해가 수월해지거든요. 선행 학습을 '좋다, 나쁘다', '해야 한다, 하지 말아야 한다' 이렇게 이분법으로 생각하는 것은 위험해요. 그 대신 '어떻게 해야 할까?' 유연한 마음으로 고민하고 결과를 예측해보는 일이 훨씬 더 중요하지요. 아들의 학창 시절은 단 한 번뿐이니까요.

함께하기, 존중하기, 꾸준히 하기

학교에서 아이들을 가르치다 보면 학급의 진도를 따라가지 못하는 아이들을 종종 만날 수 있어요. 그런 아이들을 제대로 지도하려면 학교에서는 선생님의 추가적인 도움이 필요하고, 가정에서는 학교 공부를 보충하는 일이 필요해요. 그래야 내용의 결손 없이 공부를 따라갈 수 있거든요. 학교에서도 열심히 가르치지만, 가정에서도 그날 배운 내용을 익힐 수 있도록 신경을 써달라고 말씀드리면 다행히도 많은 부모님들이 "네, 알겠습니다"라고 대답하세요. 그런데 가끔 이런 이야기를 하는 부모님들도 있어요.

"선생님, 저희 아이는 느린 아이예요. 그러니 여유를 갖고 바라
봐주세요."

'느린 아이'는 분명히 있어요. 초등학교에 입학해서도 한글을 잘 떼지 못해 어려워하고, 받아쓰기도 힘들어하는 아이가 있지요. 대부분은 그냥 두면 계속 어려워하기만 해요. 아이의 공부로 인해 스트레스를 받지 않은 부모는 아마 거의 없을 거예요. 가르치면 잊어버리고, 또 가르쳐도 잊어버리고… '왜 이렇게 안 되는 거지?' 답답하고 흔들리는 마음은 부모라면 누구나 갖게 되는 마음이에요. 그런데 교실도 똑같아요. 수업 시간에 눈이 반짝, 고개를 끄덕, '아, 이해했구나' 안도하고 넘어갔는데, 다음 시간에 물어보면 모르는 아이들이 태반이에요. 그래서 늘 전 차시 학습 내용을 한 번쯤 상기시키고 본 차시 학습을 이어나가요. 그래야 아이들이 그 시간의 내용을 조금이라도 더 받아들일 수 있으니까요.

느린 아이에게 정말로 필요한 것

초등 2학년 민우는 조금 느린 아이였어요. 한글도 잘 못 읽었고, 연산도 느렸지요. 사실 정확히 말하자면 느리다기보다는 또래 아이들이 다 하는 것을 못하는 편이었어요. 학년 초의 진단 평가 결과가 기초 학력 미달로 나와서 방과 후에 남아 공부할 수 있도록 조치했지요. 담임 선생님은 민우를 방과 후에 공부시키기 위해 민우 엄마와 통화했어요. 그런데 민우 엄마는 아이의 자존감이 낮아질 것 같다며 선생님의 방과 후 공부 제안을 거절했지요. 이미 아이가 학원에 다니고 있어서 지켜보면 잘할 거라고 덧붙여 말했고요. 선생님은 계속 설득했지만, 민우 엄마의 대답은 한결같았어요. 어쩔 수 없이 방과 후 공부는 수포가 되었고, 민우는 초등 2학년을 보내는 1년 동안 국어와 수학 시간에 멍한 얼굴로 자리를 지킬 수밖에 없었습니다.

물론 친구들이 떠난 교실에 남아서 공부한다면 자존감에 영향을 미칠 수도 있을 거예요. 그런데 오히려 수업 시간에 친구들은 다 이해하고 해결하는 문제를 못 푼다면 그건 자존감에 치명타가 될 수도 있어요. '나는 안 되네…'라는 마음으로 수업 시간 내내 자포자기할 테니까요. 진짜로 아이의 자존감을 위한다면 학교에 남아 공부하는 것을 걱정하기보다는 학습 내용을 제대로 따라갈 수 있는지 염려하는 편이 더 나아요.

꼭 기초 학력 미달이 아니더라도 아이가 학교에서 공부하는 내용을 따라가기 버거워한다면 가정에서 공부하는 시간을 절대적으로 확보해주세요. 학습은 학교에서 배운 내용을 스스로 익히는 시간도 필요하거든요. 특히 공부를 혼자서 하기 힘들어하는 초등 저학년 때일수록 부모님이 많은 관심을 갖고 도와주면 좋겠습니다.

발달 단계를 존중하는 공부

아들의 공부를 옆에서 도와주다 보면 하루에도 몇 번씩 답답한 순간이 찾아와요. 연산은 매일 하는데 왜 자꾸 틀리는 건지, 세상에 시계 보기 하나를 못해서 몇 번을 가르치는 건지, 분수 하나 계산하는 게 뭐가 어렵다고 그렇게 징징대는 건지, 최대 공약수와 최소 공배수의 개념은 몇 번을 가르쳐도 왜 제자리인 건지, 비와 비례 배분의 개념은 왜 그렇게 헷갈리는 건지… 초등 1학년부터 6학년까지 수학 하나 공부하는 것도 수많은 답답함의 연속이에요. 이런 상황을 부모의 전문 용어로 '딥빡(깊을 Deep, 빡칠 빡)'이라고 표현해요. 고상한 말을 찾고 싶지만, 이것보다 어감을 살릴 수 있는 말이 없어서 안타까울 따름이지요.

부모라면 누구나 겪는 딥빡의 순간. 이때 부모가 반드시 마음속에 새겨야 할 것은 한 번 가르쳐서 잘 알아듣는 아이는 드물다는 사실이에요. 대부분 몇 번을 가르치고 또 가르쳐야 겨우 알게 되거든요. 저도 그랬어요. 두 아들 중 한 녀석이 초등 2학년 11월에 연산을 하는데 계속 손가락을 쥐었다 폈다 하더라고요. 뭔가 하고 쓱 살펴보니 답이 20이 넘어가는 문제라 손가락뿐만 아니라 발가락까지 써도 그 문제는 풀 수가 없었어요. 조금 더 아들을 지켜보다가 숫자 큐브를 건넸지요.

"자, 숫자 큐브로 한번 계산해봐. 아빠 생각에 그 문제는 발가락까지 써도 못 풀어."

숫자 큐브를 움직이면서 열심히 계산하는 아들. 그러다가 나중에는 숫자 큐브 없이도 계산을 해내더라고요. 아이들도 발달 단계가 있어요. 특히 초등 저학년 때는 추상적인 계산을 못해서 구체물을 이용하는 시기가 있는데, 아이마다 개인차가 있지요. 그러니 우리 아이가 늦되다고 무조건 속상해만 하는 대신, '나중에 잘하겠지…' 하는 마음으로 아이의 속도에 맞춰서 공부를 도와주세요. 특히 초등 1~2학년 때 구체물이 필요한 아이는 구체물을 쓰지 못하게 하지 말고 필요하다면 마음껏 활용하게 해주면 좋겠습니다.

수학과 마찬가지로 국어 학습에도 단계가 있어요. 낱말, 문장, 담화 등을 습득하는 언어 학습과 언어의 사용 원리와 문법을 습득하는 언어에 대한 학습, 그리고 언어적 지식을 바탕으로 새로운 지식과 정보를 이해하는 언어를 통한 학습 등이 있지요. 부모는 수학을 가르칠 때도 답답하지만, 국어는 '우리말인데 왜 못하지?'라는 마음에 더 답답할 수 있어요. 그래서 아이에게는 발달 단계가 있다는 사실을 새겨두는 것이 중요해요. 그래야만 '아이는 한 번에 못할 수도 있다', '아이는 이런 것도 어려워할 수 있다'라는 것을 진심으로 이해할 수 있으니까요.

매일의 꾸준함이 가져올 긍정적인 나비 효과

아들이 초등 공부를 수행하는 데 제일 중요한 것은 그날의 학습이 그날 끝날 수 있도록 해주는 거예요. 가정에서 조금 힘들더라도 국어와 수학만큼은 복습을 철저히 해서 학습의 결손이 없도록 해주면 좋아요. 주요 교과목은 결손이 생기면 나중에 따라가기가 매우 어렵거든요. 특히나 수학은 선수 학습 내용을 제대로 알고 있어야 새로운 내용의 학습이 가능해요. 더하기를 완벽히 이해해야 곱하기를 무리 없이 배울 수 있는 것처럼요.

무엇보다 남자아이들은 가만히 앉아 있기 자체를 어려워해요. '가만히 앉아 있기'도 원활한 학교생활과 공부를 위해서 길러야 하는 능력이에요. 미국의 신경 과학자 리즈 엘리엇Lise Eliot은 《Pink Brain, Blue Brain(분홍 뇌, 파란 뇌)》(국내 미출간)에서 남자아이들에게는 가만히 앉아 있는 능력, 상반되는 충동을 조절하는 능력, 해야 할 일을 마무리하는 데 집중하는 능력이 필요하다고 역설했습니다. 부모가 아들의 초등 시기에 길러줘야 하는 이러한 능력은 공부라는 과업을 통해서 충분히 발달할 수 있어요. 공부 그 자체뿐만 아니라 아들의 습관과 태도를 길러주기 위해서도 매일의 학습은 꼭 필요하지요. 부모가 아들 옆에서 공부를 봐주는 것은 지난한 과정일지 몰라도 그 과정을 통해서 길러주는 꾸준함이라는 능력은 아들이 평생을 살아가는 데 많은 도움이 될 것입니다.

"오늘 해야 할 일은 끝내야지."

부모가 아들에게 공부를 통해서 길러줄 힘은 하루하루를 알차게 살아가는 습관과 힘든 일을 끝까지 해내는 정신력이에요. 서로 다르지만 상호 보완하는 두 힘은 입시를 넘어 아들의 인생에 큰 버팀목이 되어줄 거예요. 그러니 공부를 잘하고, 못하고가 아니라 오늘 해야 할 일을 해내느냐, 그러지 못하느냐에 초점을 맞추는 일이 필요해요.

모든 공부의 기본,
문해력

언제부터인가 문해력이 교육의 화두로 떠올랐어요. 이제 문해력이 중요하다는 사실은 누구나 알고 있지요. 문해력이 기본이 된 시대, 부모는 아들의 문해력을 끌어올리는 방법을 다각도로 고민해야 합니다. 문해력은 입시에서도 중요할 뿐만 아니라, 성인이 되어서도 올바른 콘텐츠 이해와 원활한 의사소통을 가능하게 해주는 핵심 역량이기 때문이지요.

지금 유치원에 다니거나 초등학생인 아들은 조만간 중학생이 되고, 또 고등학생이 될 거예요. 그리고 수능 시험을 보게 될 테지요. 어쩌면 수능 시험은 문해력의 끝판왕이 아닐까 싶어요. 복잡한 텍스트를 짧은 시간 안에 이해해 문제를 해결하는 어려운 과업이니까요. 거듭 강조하지만, 어른으로서 살아가는 데도 문해력은 중

요합니다. 글을 읽고 사람들과 대화하며 맥락을 정확히 파악해야
제대로 된 의사소통을 할 수 있으니까요.

초등 때부터 문해력을 길러줘야 하는 이유

문해력은 초등학교 때부터 차근차근 길러줘야 해요. 학년이 올
라갈수록 어휘의 수준이 단계적으로 높아지기 때문이지요. 초등
1~2학년에는 순우리말과 의성어, 의태어 위주로 나오던 어휘가
초등 3학년부터는 조금씩 어려워져요. 점점 한자어의 비중이 높아
지면서 하나의 지문에 담긴 의미의 농도가 점점 짙어지지요. 그래
서 정확하게 문맥을 이해하고 오류 없이 행간의 의미를 파악하기
위해서는 글에 등장하는 단어 및 용어의 의미와 개념을 정확히 알
고 있어야 해요. 그렇지 않으면 피상적으로 이해하게 될 확률이 커
지거든요.

현재 초등학교에서 사용하는 국어 교과서를 살펴보면 학년별
로 지문의 난도가 높아진다는 사실을 확연히 알 수 있어요. 한눈
에 봐도 '글밥'이 많아져요. 초등 1학년 국어 교과서와 초등 5학년
국어 교과서를 보면 딱 4년 차이인데, 교과서의 수준 자체가 다르
니까요. 학년이 올라갈수록 한자어 어휘가 대부분을 차지하고 내
용도 훨씬 함축적으로 바뀌어요. 다른 과목도 크게 다르지 않아요.
학년이 올라가면서 점차 아들이 던지는 질문이 많아집니다.

초등 1학년 국어 교과서(위)와 초등 5학년 국어 교과서(아래).

"엄마(아빠), 이윤이 뭐예요?"

"엄마(아빠), 용매가 뭐예요?"

사회도 그렇고 과학도 그렇고, 배우는 개념이 하나의 단어로 응축되기 때문에 질문에 대답하는 것도 쉬운 일이 아니에요.

한배, 말붙임새, 장단꼴, 한대 기후, 철령관, 삼복 제도, 등온선,

탕평책, 세도 정치, 신진 사대부…

혹시 '한배'가 무슨 뜻인지 아세요? 화살이 날아가서 떨어지는 거리를 뜻하는 말이에요. 그런데 음악 수업에서 '한배'는 국악곡의 빠르기를 의미하는 용어예요. '한배가 길다'는 느리다, '한배가 짧다'는 빠르다를 의미하지요. '한배'처럼 수업 시간에 과목마다 배우는 용어는 몇 글자에 불과하지만 이해하기 위해서는 많은 시간을 할애해야 해요. 때때로 한 단원에서 배우는 개념이 단 하나의 용어로 압축되기도 하고요. 용어 하나를 이해시키기 위해 관련 이야기를 하면서 설명하기가 쉽지 않은 이유예요.

이제 수학으로 넘어가볼게요.

約數, 倍數, 對應, 約分, 通分, 合同, 對稱, 展開圖, 平均, 比例式, 比例 配分, 圓周率…

수학을 공부하다 보면 이런 단어들이 나와요. 모두 한자어예요. 한자로 보면 너무 생소하지만, 한글로 읽으면 모두 익숙하지요.

約數(약수), 倍數(배수), 對應(대응), 約分(약분), 通分(통분), 合同(합동), 對稱(대칭), 展開圖(전개도), 平均(평균), 比例式(비례식), 比例 配分(비례 배분), 圓周率(원주율)…

179

수학 용어는 거의 한자로 이뤄져 있어요. 복잡한 개념을 하나로 응축시키기엔 아무래도 순우리말은 한계가 있으니까요. 수학뿐만이 아니라 사회와 과학도 똑같아요. 이윤, 재화, 용액, 용해, 응결… 교과서를 살펴보면 제법 어려운 한자어들이 각 단원의 핵심 개념과 핵심 용어로 등장해요. 그래서 한자에 익숙해지는 것도 아이들에게는 중요한 일이에요.

초등학교에서는 직접 한자를 배우지 않아요. 중학교에 가야 '한문'이라는 교과에서 한자를 배우지요. 직접 배우지는 않지만, 교과서에 너무나 많이 녹아 들어가 있는 한자어. 공부할 때 조금이라도 수월하려면 한자와 친해져야 해요. 문제는 한자 공부가 어렵다는 거예요. 한자는 한글처럼 표음 문자가 아니라 표어문자로, 한 문자가 하나의 단어가 되는 문자예요. 그래서 단어를 습득하기 위해서는 많은 문자를 익혀야만 하지요. 자음과 모음 24개만 익히면 어떤 단어든지 쓸 수 있는 한글과는 매우 달라서 익히기가 어려워요. 당연히 한자를 모두 외우려고 애쓸 필요는 없어요. 하지만 우리말의 음가가 한자로는 어떤 뜻을 가졌는지를 알게 되면 공부하기가 한결 쉬워지므로 이어지는 내용을 참고해 아들과 함께 한자 공부를 시도해보면 좋겠습니다.

아들과 함께하는 한자 공부

초등학교에서는 미술 시간에 붓글씨를 배워요. 방학 때나 시간이 많을 때, 붓글씨를 배운 아들은 자기만의 문방사우를 펼쳐놓고 놀곤 합니다. 이때 한글을 연습하는 것도 좋지만, 한자를 연습하게 해보세요. 어차피 그림을 그리면서 놀 때는 한글이나 한자나 똑같으니까요. 그림을 그리듯이 한 번쯤 쓰는 활동을 해보면 지루하지 않게 한자를 익힐 수 있어요. 아들에게는 듣는 것보다는 직접 쓰고 시각적으로 확인하는 활동이 훨씬 더 도움이 되기 때문이에요.

EBS에는 회원 가입만 하면 무료로 볼 수 있는 인터넷 강의가 많아요. 또 한자를 쉽게 접하게끔 만든 만화도 있지요. 만화를 보면서 한자를 하나씩 익힐 수 있게 도와주는 것도 한자를 공부하는 좋은 방법이에요.

그리고 부모에게는 어렵지만, 아들에게는 쉬운 방법이 있어요. 아들이 단어의 뜻을 물어볼 때 한자어를 이루는 한자 하나하나의 뜻을 함께 풀어서 설명해주는 거예요. 이어지는 대화 예시를 보면서 아이디어를 얻어보세요.

> ○ **한자어가 궁금한 아들과 알려주고 싶은 아빠의 대화**
>
> 아들　아빠, 우리나라가 아시안 게임 축구에서 3연패를 했대요. 그럼

세 번이나 연달아서 진 거예요?

아빠 3연패? 여기서 연패는 그런 뜻이 아닌데?

아들 연달아서 패했다는 뜻 아니에요?

아빠 잠깐만, 아빠가 정확한 뜻을 한번 찾아볼게. 아, 여기서 연패는 '잇닿을 연連' 자에 '으뜸 패霸' 자를 써.

아들 잇닿을 연에 으뜸 패요?

아빠 그래. 잇닿아서, 그러니까 연달아서 으뜸이 되었다, 한마디로 우승했다는 뜻이야. 네가 조금 전에 말한 연패의 패는 '패할 패敗' 자고, 올림픽에서 3연패할 때의 패는 으뜸 패야. 발음은 똑같은데 한자가 다르네.

아들 아, 그럼 연패는 연달아서 1등을 했다는 뜻이네요. 완전히 오해할 뻔했어요.

아빠 그래서 헷갈릴 때는 꼭 검색해봐야 해.

이처럼 평소 대화하며 단어의 뜻을 알려줄 때 한자까지 찾아서 함께 알려주면 아들은 알게 모르게 한자를 습득할 수 있어요. 책상 앞에 앉아 있지 않아도 공부가 되는 가장 바람직한 순간이지요.

아들이 초등학생일 때는 상대적으로 책을 읽을 수 있는 시간이 많아요. 도서관에서 책을 빌릴 때 가끔은 고사성어 책을 빌려서 읽게 해주면 한자 공부에 효과적이지요. 책을 읽으면서 자연스럽게 고사성어도 익히고 각각의 한자가 가진 뜻까지 파악할 수 있으니까요.

- 《**초등 선생님이 뽑은 남다른 고사성어**》(박수미·강민경 글/문구선 외 그림, 다락원)
- 《**공부왕이 즐겨 찾는 고사성어 탐구 백과**》(글터 반딧불 글/황기홍 그림, 국민출판사)
- 《**머리에 쏙쏙! 일등 고사성어**》(이규희 글/김석 그림, 소담주니어)

이처럼 여러 가지 방법을 활용해 아들이 한자와 친해질 수 있도록 해보세요. 문해력 향상에 큰 도움이 될 것입니다.

세상에서 가장 쉬운 독후 활동 3가지

문해력의 핵심은 글을 읽고 맥락을 파악하는 능력이에요. 이런 능력은 하루아침에 갑자기 발현되지 않아요. 꾸준히 읽고 사고하는 과정을 통해서 아이에게 내면화되는 능력이지요. 그래서 평소에 책을 꾸준히 읽고 독후 활동을 하는 것이 중요해요. 문제는 독후 활동을 어떻게 해야 할지 부모로서는 난감하다는 것이지요. 학교에서 독서록 쓰기 숙제를 내줄 수도 있고, 아니면 집에서 일주일에 한 번씩 독서록을 쓰자고 할 수도 있어요. 그럴 때 "네, 부모님! 지금부터 열심히 독서록을 쓰겠습니다!"라면서 순순히 독서록을 쓰는 아들은 거의 없어요. 오히려 일기와 마찬가지로 "왜 꼭 지금 써야만 하는데요?" 혹은 "왜 독서록을 꼭 써야만 하는데요?" 라며 격렬히 반항하는 모습을 보일 확률이 높지요. 하기 싫고 귀찮거든요.

그래서 독후 활동은 아들이 거부하지 않을 만한 모습으로 접근해야 해요. 독서록은 싫어해도 자연스럽게 대화하며 책 이야기를 꺼내면 아들이 별로 부담스러워하지 않거든요. 책을 읽은 다음에 한 번쯤 갈무리하는 기회를 준다면 독서의 효과는 배가될 거예요. 이어지는 내용은 아들과 꼭 한 번 함께해볼 만한 독후 활동이에요. 부담 제로 독후 활동부터 간단히 글로 기록하는 독후 활동까지 여러 가지 방법을 살펴보고 하나를 골라 꼭 아들과 함께해보면 좋겠습니다.

🪐 독후 활동 ① 책 이야기 나누기

부모가 꼭 아들이 읽은 책을 읽지 않더라도 아들이 읽은 책을 보면서 꼬리에 꼬리를 무는 대화를 할 수가 있어요. 책 표지와 제목을 보고 질문을 던져보는 거예요. 예를 들어, 아들이 《누가 내 머리에 똥 쌌어?》를 읽었다면 다음과 같은 질문으로 가볍게 책 이야기를 시작할 수 있어요.

"누가 두더지 머리에 똥을 쌌어?"

"개가 쌌어요."

자, 이러면 대화가 그대로 끝날 수도 있어요. 그래서 대화를 조금 더 풍부하게 만들어주는 장치가 필요하지요. '누가, 언제, 어디서, 무엇을, 어떻게, 왜'의 육하원칙을 이용해 아들이 읽은 책 내용을 떠올리게 도와주세요.

"개가 똥을 <u>어디서</u> 쌌는데?"

"개가 똥을 <u>왜</u> 쌌어?"

"<u>어떻게</u> 개가 똥을 쌌다는 것을 알게 되었어?"

이렇게 질문하면 하나씩 꼬리를 물면서 책 내용에 관해 대화를 나눌 수 있어요.

"어떻게 개가 똥을 쌌다는 것을 알게 되었어?"

"음… 처음에는 몰랐거든요. 그런데 만나는 동물마다 물어봤어요."

"누구를 만났는데?"

"처음에는 비둘기를 만났어요."

"그런데 어떻게 비둘기가 안 쌌다는 걸 알았어?"

"음… 비둘기가 아니라고 했어요."

"두더지가 그 말을 믿었어?"

"못 믿었어요. 그래서 비둘기가 똥을 싸서 자기 똥을 보여줬더니 두더지가 믿었어요."

이런 식으로 계속 질문하면 읽었던 책의 내용이 떠올라 자연스럽게 책 이야기가 이어집니다.

🪐 독후 활동 ② 나의 상황에 대입해보기

이야기를 나누면서 책 내용을 떠올리는 동시에 '만약에 내가 주인공이었다면?' 하는 가정을 해보는 것도 아들에게는 도움이 돼요. 책 속의 이야기를 '나'에게 적용하면서 사고를 한 차원 더 확장할 수 있기 때문이지요.

"만약에 네가 두더지였다면 어떻게 했을 것 같아?"

"만약에 네가 두더지였다면 어떤 기분이었을 것 같아?"

이런 질문으로 책의 내용을 아들의 입장에서 생각하도록 도와주면 충분히 훌륭한 독후 활동이 됩니다.

🪐 독후 활동 ③ 독서록 써보기

독서록을 쓴다면 앞선 대화를 종이에 기록하세요. 마인드맵처럼 대화를 기록하다 보면 독서록을 쓸 수 있는 좋은 재료가 되거든요. 기록한 내용이 글쓰기의 사전 작업인 개요 잡기 역할을 해줘서 아들이 한결 수월하게 독서록을 쓸 수 있어요. 글을 쓰면 생각이 구체적으로 정리되고 표현도 조금씩 발전하기 때문에 독서록 쓰기는 문해력 향상에 효과적이에요.

문해력은 모든 공부의 기본이에요. 아들이 공부하면서 어느 정도 성취하기를 바란다면 초등 시기에는 문해력을 키우는 데 바짝 신경을 써주세요. 대화를 나누면서 조금씩 단어에 대한 인풋을 쌓아주고, 책을 읽은 다음에는 함께 이야기하며 다시 한번 사고하는 기회를 준다면 아들의 문해력은 일취월장할 것입니다.

"'잇닿을 연' 자에 '으뜸 패' 자야."

학년이 올라갈수록 어려워지는 어휘. 해가 거듭될수록 복잡해지는 교과서와 책의 지문. 문해력은 부모가 어떻게 도와주느냐에 따라 아들에게 걸림돌이 될 수도, 디딤돌이 될 수도 있어요. 어려서부터 어휘의 숨은 뜻을 알려주고, 맥락을 파악하는 힘을 길러준다면 분명 문해력은 아들에게 디딤돌이 될 거예요. 아들과 대화하면서 하루에 하나씩이라도 어휘와 맥락을 조금 더 면밀하게 알 수 있도록 지혜로운 말을 건네주세요.

공부 동기와
보상의 상관관계

"수요일에 수행 평가 있다면서?"

"네."

"수행 평가 준비해야지. 문제집 한번 풀어보자."

"얼마 줄 거예요?"

"뭘 얼마야?"

"수행 평가 잘 보면 얼마 줄 거예요?"

초등 6학년 2학기. 비와 비례 배분 수행 평가를 보는 민우. 수행 평가에 대비해서 공부하자는 엄마의 말에 대뜸 얼마를 줄 거냐고 물어봐요. 시험을 잘 보면 그동안 5,000원 혹은 만 원씩 용돈을 받았었는데, 이번에는 얼마를 받을 수 있는지 궁금해서요. 매번 결과에 따라 용돈으로 보상을 받았던 민우는 용돈이 공부의 동기예요. 용돈을 준다고 하면 그래도 열심히 하는데, 보상으로 용돈을 걸지 않으면 아무것도 하려고 하지 않아요. 민우 엄마는 용돈을 주면 공부하려고 하는 민우를 보면서 그나마 다행이다 싶으면서도 때때로 이건 아니라는 생각이 들기도 해요. 이렇게 용돈을 미끼로 공부를 시키는 게 맞는 걸까 고민하는 민우 엄마. 어떻게 하는 게 맞는 걸까요?

외적 동기에서 내적 동기로

어떤 일을 기꺼이 하게끔 만드는 마음인 동기에는 내적 동기와 외적 동기가 있어요. 내적 동기는 어떤 일 자체가 좋아서 하는 마음이에요. 외적 동기는 어떤 일 자체보다는 일에 대한 보상 때문에 하려고 하는 마음이고요. 만약 민우가 공부 자체가 좋아서 수행 평가를 준비한다면 내적 동기 때문에 공부하는 것이 돼요. 하지만 결과에 따라 주어지는 용돈 같은 보상, 또는 장난감 같은 보상이 있어 공부하게 된다면 그건 외적 동기 때문에 공부하는 거예요.

그러면 부모는 이런 마음이 들어요. '어떻게든 하게끔 하면 되지, 그게 내적 동기든 외적 동기든 무슨 상관이 있나?' 사실 외적 동기를 자극하는 보상은 어느 정도 분명히 효과가 있어요. 일단 꿈쩍도 하지 않던 아들이 공부를 시작하게 되니까요. 그런데 문제는 처음에는 1,000원, 2,000원 정도였던 보상이 나중에는 만 원, 2만 원이 되어도 별로 흥미를 느끼지 못하는 단계에 이르게 된다는 거예요. 그러다 결국 어느 정도 큰 보상으로도 아들을 움직이게 만들지 못하는 불상사가 벌어질 수도 있지요.

그래서 공부는 외적 동기보다 내적 동기로 하게끔 만들어줘야 해요. 아들이 공부 과정에서 성취감과 뿌듯함을 경험하면서 공부 그 자체의 흥미를 느낄 수 있도록 말이지요. 내적 동기가 가장 고수들의 동기예요. 하지만 절대 쉽지는 않아요. 처음부터 "아, 공부가 정말 좋다", "아, 공부는 진짜 재미있어"라면서 공부하는 아들은 없으니까요.

결과가 아닌 과정에 대해 보상해주기

외적 동기에 대한 보상이 단점이 있다고 해서 무조건 보상 시스템을 사용하지 않을 수만은 없어요. 사실 외적 동기에 대한 보상이 내적 동기를 강화하는 촉매가 되기 때문이에요. 옛날 수도가 없던 시절, 집집마다 앞마당에는 지하수를 퍼 올리는 펌프가 있었어요. 펌프질 전에 한 바가지의 마중물을 넣으면 물이 잘 나오고는 했지요. 외적 동기에 대한 보상은 그런 마중물의 역할을 해요. 그래서 간헐적인 외적 보상 시스템은 내적 동기를 쌓기 위한 좋은 도구가 될 수 있습니다.

가능하면 결과보다는 과정에 대해 보상하는 것이 좋아요. 결과가 마음대로 되지 않을 수도 있고, 중요한 것은 공부 과정에서 아들이 습관을 쌓는 것이니까요. 초등 저학년이라면 스티커를 이용하는 방법이 효과적이에요. 매일 할 일을 제대로 하면 스티커를 하나씩 주고, 스티커를 많이 모으면 좋아하는 음식을 해준다든지, 갖고 싶었던 장난감을 사준다든지 등 보상을 해주는 것이지요. 초등 고학년이라면 열심히 하는 행동에 대한 보상 약속을 정하고 며칠을 열심히 했다, 말로만 각인을 시켜줘도 괜찮아요. 어느 정도 머리가 커서 말만으로도 보상에 대한 기대를 충분히 할 수 있기 때문이지요.

아들을 위한 칭찬의 조건

🪐 조건 ① 가정하지 않는다:
"넌 하면 참 잘할 텐데…"(×)

하면 잘할 거라는 말에는 머리가 좋다는 의미가 암묵적으로 포함되어 있어요. (머리가 좋으니) 하면 잘할 거라는 뜻이지요. 그러면 아이는 하면 잘할 거라는 기본이 되어 있으니, 오히려 안 하는 쪽을 선택할 수도 있어요. 하면 잘할 거라고 이미 인정받았으니, 안 하더라도 기본 머리는 증명한 셈이니까요. 또 공부하고 난 다음에 결과를 못 보여주면 그게 손해일 수도 있다는 생각을 무의식중

에 하게 돼요. 그래서 아예 처음부터 공부하지 않는 모습을 보이는
게 더 낫겠다는 마음을 가질 수도 있어서 이런 말은 반드시 피하는
게 좋습니다.

🪐 조건 ② 결과론적으로 말하지 않는다: "넌 머리가 참 좋아."(×)

머리가 좋다는 칭찬을 받은 아이는 무언가를 배울 때 한 번에 이
해하고 싶어 해요. 그게 바로 머리가 좋은 모습이니까요. 그런데 문
제는 공부하다 보면 한 번에 이해되는 것이 별로 없다는 거예요. 학
년이 올라갈수록 "넌 머리가 참 좋아"라는 말의 효과가 눈에 띄게
나타나요. 이해되지 않는 문제나 개념을 만나면 맞서지 않고 회피
하게 되니까요. 머리가 나쁜 아이들이나 한 번에 이해하지 못하는
것이니까 시도하지 않음으로써 좋은 머리를 유지하려고 하지요.

🪐 조건 ③ 행동과 과정에 집중해서 말한다: "오늘 정말 열심히 하는구나."(○)

좋은 머리는 선천적으로 타고나야 하는 거예요. 자기가 어떻게
할 수 없는 조건을 칭찬으로 듣게 되면 아들은 할 수 있는 게 없어
요. 그런 말을 들으면 좋은 게 아니라 부담스러움을 느끼게 되지
요. 그래서 아들을 칭찬할 때는 아들이 지금 당장 할 수 있는 일, 즉
행동과 과정에 집중하면서 격려해줘야 해요. 아들이 그날 공부하
면서 보인 모습, 모르는 내용을 끈질기게 파고들어 이해하려고 노

력한 모습에는 "모르는데도 알기 위해서 끝까지 노력했네"와 같은 한마디, 몸이 배배 꼬이고 공부하기 싫었을 텐데 의젓하게 앉아서 자기 할 일을 해낸 모습에는 "마음을 다스리면서 공부했구나"와 같은 한마디… 아들의 모습을 눈여겨봤다가 슬쩍 한마디를 건네주세요. 칭찬과 격려의 핵심은 아들이 스스로 통제할 수 있는 행동에 대해서 언급해주는 것, 이 또한 꼭 기억하면 좋겠습니다.

아들에게 보상을 줄 때 주의할 점

부모가 아들에게 보상을 줄 때 주의해야 할 점이 있어요. 보상이 일대일 대응이 되어서는 안 된다는 거예요. 공부할 때마다 보상을 준다, 이렇게 일대일 대응이 되어버리면 아들은 보상 없이는 공부하지 않으려고 할 테니까요. 그래서 보상은 간헐적으로 해야 해요. 보상은 받으면 좋은 것일 뿐, 보상과는 상관없이 공부하는 마음을 가지도록 간간이 보상을 줘야 아들이 보상에 연연하지 않고 공부하는 습관을 쌓을 수 있어요.

무엇보다 중요한 것은 보상 없이도 공부할 수 있는 시스템을 만들어주는 거예요. 사실 어떻게 보면 공부도 게임과 같아요. 성취감을 느끼기 시작하면 머릿속에서는 보상을 관장하는 신경 전달 물질인 도파민이 분비되어서 그 쾌감을 느끼기 위해 계속 공부하게 되는 것이지요. 공부를 잘하는 아이들을 보면 그 성취감이 좋아서 알아서 하거든요.

　부모의 최종 목표는 공부의 동력을 내적 동기에서 찾는 아들로 키우는 거예요. 이를 위해서는 간헐적으로 보상 시스템을 작동시키면서 동시에 공부할 때 몰입할 수 있도록 옆에서 도와주는 것이 중요해요. 몰입이야말로 공부에 대한 내적 동기를 끌어올릴 수 있는 가장 좋은 방법이거든요. 앞서 이야기한 것처럼 피드백의 주기를 짧게 하고, 명확한 목표를 제시하며, 성취감을 느끼고 몰입하는 마음도 가지면서 공부에 흥미를 붙이도록 도와주면 아들도 어느 정도는 잘 따라올 것입니다.

"열심히 했으니까 오늘 저녁은 떡볶이야."

아들은 보상에 따라 움직이는 기계가 아니에요. 물론 일에 따라서는 보상을 걸어놓고 시작하는 게 필요할 수도 있어요. 하지만 보상을 너무 자주 사용하다 보면 보상 없이는 그 어떤 일도 하지 않으려고 하는 아들을 마주하게 될 수도 있습니다. 동기를 자극하기도, 혹은 동기를 없애버리기도 하는 보상이라는 양날의 검. 결과에 따라서 주기보다는 어느 날 아들이 열심히 한 과정을 칭찬하면서 기대하지 않았던 좋은 것을 선물해주는 의외의 이벤트가 부모가 지혜롭게 보상을 사용하는 방법임을 기억하세요.

자기 관리와 리더십

나를 돌보고 남을 배려하는 힘

친구들에게 자신의 이야기를 조리 있게 말하고, 다툼이 일어나면 부드럽게 중재하며, 모둠 활동에서 주도적인 역할을 하는 리더십 있는 남자아이들을 보면 정말 멋져요. 그런 리더십을 가진 아들로 자라게 하려면 무엇을 생각해야 할까요? 일단 자기 관리가 우선이에요. 자기 자신부터 제대로 관리할 수 있어야 또래 집단에서도 영향력을 발휘할 수 있거든요. 시간을 체계적으로 관리하고, 자신의 공간을 깔끔하게 관리하며, 쓸데없는 일에 정신을 빼앗기지 않을 수 있어야 리더십의 기본 조건이 성립해요. 아들이 능숙하게 자기 관리를 하면서 리더십을 기를 수 있도록 부모가 고민해야 할 것들이 무엇인지 살펴봅니다.

자기 관리의 기본,
시간 관리

"민우야, 졸려? 세수 좀 하고 들어올래?"

"네."

"어제 늦게 잤어?"

"네, 새벽 2시에 잤어요."

"뭐하다가?"

"공부하다가요."

수업 시간에 졸고 있는 민우. 초등 6학년인데도 새벽까지 공부하다 보니 수업 시간에 졸음이 쏟아져요. 민우가 화장실로 간 사이, 민우의 절친이 슬쩍 이야기를 해요.

"선생님, 그런데요. 민우 어제 저랑 밤 12시까지 브롤스타즈 했어요."

민우가 자정까지 친구와 브롤스타즈를 했다는 제보. 점심시간을 이용해서 민우와 잠시 이야기를 나눠봤어요. 궁금했거든요. 정말로 숙제를 늦게까지 했는지, 아니면 게임을 하느라고 늦게 잠들었는지 말이지요. 민우와 이야기를 나누고 나니 민우가 새벽 2시까지 숙제를 한 것도 맞고, 밤 12시까지 브롤스타즈를 했던 것도 다 맞았어요. 민우는 남자아이들의 전형적인 시간 관리 문제를 겪고 있었지요. 그게 뭐냐고요?

'무엇이든 우선 놀고 나서 한다!'

무조건 할 일 먼저, 노는 건 그다음에

남자아이들의 가장 고질적인 문제는 우선 놀고 나서 무언가를 한다는 거예요. 물론 이런 문제는 여자아이들에게서도 보이기는 하지만, 애석하게도 주로 남자아이들에게서 많이 나타나요. 아들 부모가 가장 풀기 힘든 문제 중 하나지요. 뒷생각을 안 하고 당장 끌리는 일에 충동을 느끼면서 하루의 루틴을 제대로 수행하지 못하니까요. 한마디로 일단 자기가 해야 할 일보다는 재미있는 일을 먼저 하려고 해요. 민우처럼 게임을 한다든지, TV를 본다든지, 놀이터에서 논다든지… 아이에게는 재미있는 일이 참 많아요. 당연히 아직 어린아이들에게는 즐겁게 보내는 시간이 필요해요. 그래야 행복하게 생활할 수 있으니까요. 하지만 아들에게는 자신의 과업을 해내는 일이 꼭 필요해요. 초등 시기에는 근면함도 함께 배워야 하거든요. 노는 시간도, 할 일을 하는 시간도 아이에게는 모두 중요합니다.

일단은 먼저 할 일을 하고 나서 여가를 보내는 태도가 필요해요. 여가에는 '일이 없어 남는 시간'이라는 뜻이 있어요. 일이 없다는 것은 일을 다 해놓은 상태를 말해요. 일단 일이 없어서 여가를 갖는 것을 목표로 삼아 아들이 자기 할 일을 제대로 할 수 있도록 시간 관리를 도와주세요. 그래야 민우처럼 밤 12시까지 게임을 하다가 새벽 2시까지 숙제를 하는 불상사를 방지할 수 있으니까요. 만약 민우가 밤 12시까지 게임을 하지 않았다면, 그전에 이미 충분히 잠을 잘 수 있었을 거예요.

공부 시간을 기록하면 생기는 일

밤늦게까지 놀다가 새벽에 잠을 자면 아이들은 '나는 새벽까지 공부했어', '나는 밥 먹고 공부만 했어'라는 생각을 할 수 있어요. 학교에서도 아이들과 이야기를 하다가 물어보면 다들 그렇더라고요. 특히 남자아이들에게는 자기가 얼마만큼 공부했는지, 또는 얼마만큼 할 일을 했는지 눈으로 보여주는 일이 정말 중요해요. 그래야 몇 시간 동안 공부했고, 몇 시간 동안 놀았고, 몇 시간 동안 빈둥 댔는지 제대로 파악할 수 있으니까요. 눈으로 보여주는 일은 생각보다 쉬워요. 작은 수첩이나 A4용지 하나를 놔두고 공부할 때마다 기록하면 되거든요.

민우의 공부 시간

시간	할 일	시간	할 일
pm2:00~2:20	연산 문제지	pm5:30~6:50	저녁 식사
pm2:20~3:00	블록 놀이	pm6:50~7:20	연산 문제지
pm3:00~3:30	받아쓰기 연습	pm7:20~8:00	너프 건 놀이
pm3:30~5:30	놀이터	pm8:00~8:40	일기 쓰기

이렇게 기록해놓으면 아이가 순수하게 공부 등 해야 할 일을 한 시간을 쉽고 정확하게 파악할 수 있어요. 적은 내용을 실제로 보여주면 "어? 공부한 시간이 2시간밖에 안 되네?"라고 말하는 것을 볼 수 있을 거예요. 기록을 통해 눈으로 보여주면 '하루 종일 공부했어'라는 억울한 마음 대신, '얼마 안 했네'라는 현실을 직시할 수 있어요. 그래서 시간 관리에 긍정적인 자극을 줄 수 있지요.

아들을 위한 체크리스트 활용법

시간을 잘 관리하며 하루의 루틴을 차곡차곡 쌓아가는 일은 초등학생 때부터 잡아줘야 할 중요한 일이에요. 시간을 관리하는 습관을 잘 잡아놓아야 할 일을 수행하는 성실함과 여가의 편안함을 동시에 누릴 수 있거든요. 남자아이들은 시각적인 자극에 더 많이 반응하는 경향이 있어요. 똑같은 일도 귀로 듣는 것과 눈으로 보는 것에 차이가 있다는 것이지요. 아무리 말해도 듣지 않을 때는 눈을 똑바로 바라보면서 지시하면 듣기라도 하잖아요. 자기 할 일도 똑같습니다. "~해야지"라는 말보다는 종이에 쓴 체크리스트가 훨씬 더 큰 효력을 발휘하지요.

초등 1~2학년의 체크리스트는 조그만 칠판에 할 일을 적은 다음, 자석을 왼쪽에서 오른쪽으로 옮기면서 할 일과 한 일을 구분해요. 보통 받아쓰기, 일기 쓰기, 연산 문제 풀기 정도의 할 일이 있으니까 할 일을 표로 적어놓고 다 한 일은 자석을 오른쪽으로 옮기는 것도 효과적인 방법이에요. 또는 수첩이나 포스트잇에 간단하게 할 일을 적어두고 다 한 일에 빨간 줄을 그으며 뿌듯한 마음을 느끼게 해주는 것도 좋습니다.

루틴을 잡으면서 동시에 여유를 가지려면 시간을 밀도 있게 쓰는 연습이 필요해요. 물론 처음에 시간 관리는 어려워요. 하지만 꾸준히 노력하다 보면 어느새 스스로 시간 관리를 척척 해내는 아들의 모습을 마주할 수 있을 거예요.

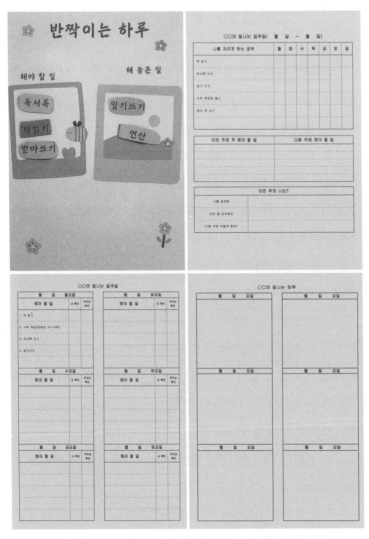

아들이 시간 관리를 효율적으로 할 수 있게 도와줄 다양한 체크리스트.

"~한 시간을 적어볼까?"

아들에게 필요한 건 시간을 관리하는 힘. "하루 종일 공부만 했어"라며 억울하지 않으려면 공부 시간과 노는 시간을 각각 기록할 필요가 있어요. 기록하고 난 다음에 아들은 생각할 거예요. '어? 오래한 것 같은데 1시간밖에 안 했네? 그럼 하루 종일 난 뭘 했지?' 시간을 관리하는 일은 자기가 어떻게 시간을 썼는지 파악하는 데서 시작돼요. 아들이 활동한 시간을 체크해서 눈으로 보여주는 것이 중요한 이유입니다.

아들이 정리와
청소를 하게 하려면

"선생님, 아이가 청소를 너무 안 하는데 어떻게 해야 할까요?"

"아무리 잔소리를 해도 딱 그때뿐이에요. 어쩌죠?"

"방이 지저분해서 물건을 잃어버리고 어디 있는지도 몰라요. 정말 답답해요."

상담이나 강연을 통해 부모님들을 만날 때 종종 받게 되는 질문이에요. 사실 '종종'이 아니라 '빈번'하게 받는 질문이에요. 남자아이들은 생각보다 더 심하게 청소와 정리에 둔감하거든요. 가끔은 이 아이가 사람인지 동물인지 분간이 안 될 때가 있기도 해요. 옷을 벗을 때는 마치 뱀이 허물을 벗는 것처럼 여기저기 옷이 굴러다니고, 방은 돼지우리처럼 지저분하니까요. 그래서 청소와 정리도

'교육'이 필요해요. 특히 남자아이들에게는요.

아들은 정리를 잘 안 한다는 사실을 받아들인다

사실 정리 문제는 어느 정도 성향에 따라 달라져요. 남자아이라도 정말 깔끔하게 정리하는 아이가 있는 반면에, 남자아이라서 방이 너저분하기도 하거든요. 보통은 지저분하게 방을 쓰는 아이들이 더 많은 편이에요. 정리는 성향의 문제, 즉 정리를 대하는 개인의 경향성에 대한 문제예요. 아이가 부모님을 힘들게 하려고 일부러 그렇게 하는 것이 아니라는 사실만 잘 받아들여도 정리를 안 하는 아들을 옆에서 지켜보며 화나는 일은 어느 정도 막을 수 있습니다. 아이가 부모의 화를 돋우기 위해 일부러 정리를 안 하는 것은 아니니까요. 일단 받아들이고 난 다음에는 어떻게 정리하는 법을 가르쳐야 할지 고민해야 합니다. 그래야 아들에게 최대한 차분히 이야기하면서 교육을 해줄 수 있어요.

정리 방법을 알려준 뒤 주기적으로 점검한다

초등 시기의 남자아이들은 어떻게 정리를 해야 하는지 잘 모르는 경우가 많아요. 그래서 초등 저학년 때부터 바구니나 수납장을 활용해서 정리하는 법을 가르치면 좋습니다. 남자아이들은 장난감이 정말 많아요. 로봇, 블록, 보드게임, 축구공, 야구 배트, 줄넘기 등 여러 가지 물건이 한데 들어 있으면 찾기도 어렵고 정리하기도 힘들지요. 그래서 바구니가 있는 수납장을 이용하면 편리하게 정리할 수 있어요. 견출지에 품목을 적어서 수납장에 붙여 같은 자리에 놓아두는 교육만으로도 웬만큼 정리는 돼요. 문제는 "그렇게 해"라고 이야기를 해도 실행하지 않는다는 것이지요. 교육은 늘 그렇듯 한마디 말로 해결되지 않는다는 게 가장 큰 어려움이에요. 그래서 물건을 제자리에 놓고 정리하는 일도 주기적으로 점검을 해주는 편이 좋아요. 정리를 함께하고 '우아, 깨끗하다'라는 기분을 느낀 다음, 어느새 마음을 놓고 있다 보면 또 돼지우리 같은 아들의 방을 마주하게 될 수도 있으니까요.

방 정리가 중요한 이유는 주변 정리가 깔끔하게 되어야 마음가짐도 어수선하지 않을 수 있기 때문이에요. 어질러진 방은 후두엽에 있는 시각 피질을 불필요하게 자극하거든요. 우리의 뇌는 보이는 것 중에서 중요한 것과 그렇지 않은 것을 판단해서 해석하려고 하는데, 불필요한 자극이 계속 들어오면 무언가를 할 때 집중하지 못하게 방해해요. 그래서 대부분 이런 경험이 있을 거예요. 시험공부를 할 때 괜히 책상 정리부터 하게 되는 것. 무의식적으로 불편해서 그렇게 정리부터 하게 되는 것이지요.

청소도 교육이 필요하다

아들은 장차 커서 대부분 군대에 갈 거예요. 군대에서는 '내무사열'이라는 것을 해요. 쉽게 말해서 내무실 정리를 잘했는지 확인하는 과정이에요. 사실 다 큰 성인들인데 굳이 이런 절차가 필요할까 싶지만, 따로 점검하지 않으면 공동생활을 하는 내무반이라는 숙소가 지저분해질 수도 있기에 어느 정도는 필요한 일이지요. 내무사열 준비를 하면서 한 번씩 대청소하고 버릴 것은 버리는 선순환이 일어나요. 다소 귀찮기는 하지만 깨끗한 환경을 위해서는 노력이 필요하지요.

아들의 방도 마찬가지예요. 다 큰 성인인 군인들도 어느 정도는 강제해야 정리를 하는데, 아직 어린 아들은 어떨까요. 아들에게 정리는 부모의 관심과 교육이 있어야 가능한 일이에요. 그래서 주기적으로 아들의 방을 확인하고 같이 정리해주는 일이 필요합니다. 그런데 아들은 절대 고분고분하지가 않아요.

"방 좀 치울래?"
"제가 알아서 할게요!"

이렇게 짜증을 내기도 하거든요. 그래서 아들의 정리를 도와줄 때는 살짝 '도와준다' 정도만 느끼게 해주세요.

"엄마가 방은 진공청소기를 돌려줄 테니까, 너는 여기 물건들을 제자리에 정리해줄래?"

이렇게 물어보면 거절 비율이 줄어들어요. 도와준다는데 싫다는 아이는 별로 없으니까요. 도와주겠다고 말하고 진공청소기를 들고 가서 우선 아들이 정리하는 상황을 지켜보세요. 그러고 나서 도와줄 것은 도와주고, 정리가 안 된 것은 정리하라고 넌지시 이야기해주는 편이 서로 갈등하지 않고 정리에 전념하는 방법입니다.

"엄마(아빠)가 진공청소기는 돌려줄게."

청소와 정리 정돈은 별도의 교육이 중요해요. "청소해"라는 한마디 말에 아들은 절대 알아서 움직이지 않으니까요. 주기적으로 관심을 갖고 관리를 해주려고 노력해야 그나마 깨끗해지는 아들의 공간. 아들이 청소와 정리 정돈을 잘할 수 있도록 부모가 해야 할 일은 꾸준한 교육이에요. 진공청소기를 들고 아들의 방에 들어가서 함께 보조를 맞춰주면 훨씬 깨끗하고 반짝이는 아들의 방을 마주할 수 있을 거예요.

스마트폰 관리는
힘들어도 철저하게

어느 날, 방과 후에 복도를 지나가다 초등 4학년 민우가 무전기를 든 모습을 마주쳤어요.

"민우야, 이거 네 무전기야?"

"네."

옆에서 친구들이 말을 거들어요.

"민우는 전화 대신 무전기로 엄마랑 얘기해요."

아이와의 연락 수단으로 키즈폰이나 피처폰도 좋다고 생각했는데, 무전기로 연락을 주고받는 아이를 실제로 보다니 정말 신기했어요. 그래서 민우에게 한마디를 했지요.

"민우야, 너 완전 '리스펙'이야. 스마트폰도 안 쓰고 최고!"

방과 후 수업을 기다리는 아이들을 보면 목이 아래를 향해 있어요. 스마트폰을 꺼내서 게임을 하거나 유튜브를 보기 때문이지요. 그런 모습을 보며 지나가는 선생님이 스마트폰 대신 책을 읽거나 친구랑 다른 놀이를 하면 어떠냐고 말하면 아이들은 약속이라도 한듯 하나같이 "네~" 하고 대답해요. 그러고 나서 선생님이 사라지는 순간, 다시 스마트폰 삼매경에 빠지는 모습을 볼 수 있지요. 아이가 시간이 날 때마다 꺼내서 게임을 하거나 영상을 볼 만큼 스마트폰은 중독성이 강한 기기예요. 부모로서는 관리하기가 쉽지 않아 고민이 될 수밖에 없어요.

스마트폰, 사줘야 할까? 말아야 할까?

거의 모든 부모님이 스마트폰 때문에 고민이 많아요. 스마트폰을 사주고 나서 관리하느라 실랑이를 쉴 새 없이 하거든요. 스마트폰으로는 할 수 있는 일이 정말 많아요. 게임, 유튜브, 메신저, SNS, 웹툰처럼 아이들이 할 수 있는 일이 많다 보니 아무래도 스마트폰 사용 시간이 길어져요. 그래서 그런지 2023년 여성가족부의 청소년 인터넷 스마트폰 이용 습관 진단 조사 결과, 전국 초등학교 4학년 학생의 과의존 위험군 비율이 16%였어요. 한국지능정보사회진흥원 산하 스마트쉼센터의 정의에 따르면 스마트폰 과의존이란 과도한 이용으로 스마트폰에 대한 현저성이 증가하고 이용 조절력이 감소하여 문제적 결과를 경험하는 상태를 뜻해요. 중학교 1학년은 21%, 고등학교 1학년은 17%였으니, 초·중·고 등학생 모두 과의존 비율이 높은 셈이에요.

스마트폰은 우리나라뿐만 아니라 다른 나라에서도 많이 문제가 되고 있어요. 프랑스에서는 정부 용역으로 연구를 수행한 팀이 아이들의 휴대 전화 사용은 11세부터, 휴대 전화를 통한 인터넷 접속은 13세부터 해야 한다고 권고했어요. 영국에서도 16세 미만의 아이들에게는 스마트폰 판매를 금지하는 법안을 고민 중이고요. 대만에서는 2015년에 제정된 아동·청소년 복지 권익 보호법에 따라 2세 이하 영아의 디지털 기기 사용을 전면 금지하고, 18세 이하 청소년이 스마트폰에 중독될 시 보호자에게 벌금을 부과하고 있습니다. 모두 스마트폰 중독이 사회 문제라는 사실을 여실히 보여주는 사례지요.

가능하면 초등학교 때는 스마트폰을 사주지 않는 것도 좋은 방법이에요. 초등학교 때는 스마트폰이 없어도 충분히 생활할 수 있거든요. 학교에서 공지사항은 대부분 알림장 앱으로 전달하고, 아이들이 인터넷을 통해 별도로 신청해야 하는 것도 없으니까요. 중학교 때부터는 학생들을 단톡방으로 초대해 그곳에서 공지사항을 전달하기도 하지만, 초등학교 때까지는 스마트폰이 필수가 아니어서 키즈폰이나 피처폰으로 연락을 주고받는 일도 전혀 불편하지 않고 괜찮습니다.

아직 스마트폰을 사주지 않은 부모는 '혹시 스마트폰이 없어서 친구를 못 사귀는 건 아닐까?'라고 고민하지요. 결론부터 이야기하자면 스마트폰이 없어도 아이들은 친구를 잘 사귀어요. 친구들이 게임을 할 때 옆에서 슬쩍 끼어들어 "나도 한 번만 해봐도 돼?"라고 하면서 잘 어울리니까 굳이 걱정할 필요가 없습니다. 게다가 남자아이들의 경우는 활동 지향적이라서 스마트폰으로 게임을 못하면 운동장에서 축구를 하거나 놀이터에서 몸 놀이를 하며 친구들과 시간을 보내기 때문에 오히려 스마트폰이 없다면 더 건강하고 유익한 방법으로 어울릴 수 있지요.

스마트폰 사용 서약서의 힘

아이가 중학교에 입학하면 대부분의 부모가 스마트폰을 사줍니다. 학교에서 공지사항을 단톡방으로 전달하기에 없으면 굉장히 불편하거든요. 아들에게 이미 스마트폰을 사줬다면 관리에 신경을 많이 써주세요. 아이와 함께 규칙을 정하고 계속 지킬 수 있도록 신경을 써야 스마트폰 과의존을 예방할 수 있거든요.

스마트폰 사용 서약서(예시)

1. **집에 오면 특정 시간에만 사용한다.**
2. **집에 오면 거실, 주방 등 특정 장소에 놓아둔다.**
3. **공용 공간에서만 사용한다.**

4. 화장실에는 들고 가지 않는다.

이렇게 아이와 함께 사용 규칙을 정한 다음, 아이가 직접 규칙을 써보게 하면 좋습니다. 커다란 종이에 규칙과 날짜를 적고 나서 사인까지 해놓으면 아들에게는 완벽한 스마트폰 사용 서약서가 되거든요. 스마트폰 사용 서약서를 냉장고나 거실의 한쪽 벽에 붙이세요. 그래서 나중에 실랑이가 생긴다면 슬쩍 서약서를 가리키세요. 아들에게는 구체물이 주는 효과가 확실히 있으니까요.

"저것 봐. 우리가 함께 만든 규칙이잖아."

이렇게 말하면 아이의 실랑이는 한풀 꺾일 거예요. 물론 그렇다고 해도 실랑이를 아예 안 할 수는 없어요. 스마트폰이 아들의 손에 쥐어지는 순간부터 끝없는 실랑이의 터널이 시작되니까요. 그래도 어느 정도는 합의된 규칙과 울타리 안에서 아들이 움직이기 때문에 감정 소모를 덜어내는 데는 확실히 효과적이에요. 절대 쉽지 않은 아이의 스마트폰 관리, 아들과 함께 규칙부터 정해보세요.

"저것 봐. 네가 얘기한 거잖아."

아들에게 스마트폰은 사주는 그 순간부터 실랑이의 연속이에요. 잘 쓰면 괜찮지만, 자칫 과의존으로 빠지게 되면 오히려 사주지 않는 것만 못한 스마트폰. 과의존을 예방하기 위해서, 스마트폰 실랑이를 조금이라도 덜 하기 위해서, 미리 아이와 함께 스마트폰 사용 규칙을 정하는 것이 중요해요. 사용 규칙을 정하면 실랑이할 때마다 이야기할 수 있거든요. "저것 봐. 네가 얘기한 거잖아." 이 마법의 한마디가 아이의 실랑이를 한풀 꺾어줄 거예요.

자신을 낮출 수 있는 사람이
진짜 리더

　학교에서 쉬는 시간은 아이들이 가진 본연의 모습을 살펴볼 수 있는 소중한 시간이에요. 수업 시간에 아이들은 선생님에게 인정받고 싶어서 좋은 모습을 보이려고 노력하지만, 쉬는 시간에 선생님이 없으면 '생얼'을 드러내기 때문이지요. 그래서 저를 비롯한 선생님들은 종종 쉬는 시간에 복도 창문 밖에서 아이들이 노는 모습을 관찰하기도 해요. 다양한 모습을 볼 수 있거든요. 혼자 책을 읽는 아이들, 책상 사이를 뛰어다니는 아이들, 친구들과 무리를 지어 노는 아이들… 그중에서 친구들과 노는 아이들을 보면서 가끔 속상할 때가 있어요. 자기만 이기고 싶어서 소리를 지르는 아이도 있고, 게임에서 져서 고래고래 우는 아이도 있기 때문이지요. 아직 어리긴 하지만 자기만 생각할 뿐 친구를 존중하거나 배려하지 않는 모습을 보이는 아이들을 보며 안타까울 때가 한두 번이 아니에요.

그럴 때면 아이들을 모아놓고 들려주는 이야기가 하나 있어요. 바로 레오의 이야기예요. 레오가 누구냐고요? 헤르만 헤세의 소설 《동방순례》에 나오는 짐꾼이에요. 소설 속에서 순례단은 깨달음을 찾아 먼 길을 떠나요. 순례단은 낯선 곳에서 길을 안내해줄 사람이 필요했기 때문에 레오라는 사람을 소개받았지요. 레오는 무거운 짐을 짊어지고 순례단의 여정을 도왔어요. 그냥 걷기만 해도 힘든 길이었지만, 레오는 힘든 상황에서도 노래하거나 재미있는 이야기를 하며 순례단이 목적지까지 잘 도착할 수 있도록 애썼어요. 레오는 일개 짐꾼에 불과했지만, 사람들에게는 가뭄의 단비 같은 존재였지요.

그러던 어느 날, 레오가 순례단에서 빠지게 되었어요. 그런데 이게 무슨 일일까요? 얼마 전까지만 해도 큰 어려움 없이 순례하던 사람들이 레오가 빠지자마자 우왕좌왕하는 것이었어요. 당황한 사람들은 혼란에 빠졌고, 심지어 순례단의 지도자는 죽기 일보 직전의 상황을 맞닥뜨리기도 했지요. 순례단은 그렇게 몇 년을 헤맨 끝에 목적지에 도착했어요. 순례단의 지도자는 어려운 상황을 만날 때마다 레오가 생각났어요. 레오가 있었다면 순례는 훨씬 수월했을 테니까요. 지도자는 레오를 찾기 위해 수소문을 했고, 어렵사리 레오를 만났어요. 마침내 레오를 만난 지도자는 깜짝 놀랐어요. 레오가 순례단 연맹의 가장 높은 지도자였기 때문이지요. 짐꾼에 불과했던 레오가 말이에요.

경청과 존중의 서번트 리더십

우리는 레오의 이야기에서 '서번트 리더십Servant Leadership'을 발견할 수 있어요. 서번트 리더십을 역설한 사람은 미국의 경영학자 로버트 그린리프Robert Greenleaf예요. 그는 레오의 이야기를 통해 하인 같은 리더가 되어야 한다고 강조했어요. 서번트 리더십의 핵심은 다른 사람을 존중하는 태도예요. 누군가는 '자신을 낮추는 일이 어떻게 리더십이지?'라고 의아하게 생각할 수도 있어요. 하지만 서번트 리더십이야말로 지금 세대가 반드시 갖춰야 할 중요한 덕목이에요. 요즘처럼 다른 사람들과 엮이기 싫어하는 사회적 분위기에서는 자기 자신을 낮추며 타인을 존중하는 사람이 더 빛나 보이는 법이니까요.

어른은 물론 아이들에게도 서로 존중하고 경청하는 태도가 필요해요. 아이들이 노는 장면을 떠올려보세요. 각자 자기주장만 펼치며 조금도 굽히지 않는다면 아이들 사이에서는 갈등 상황만이 펼쳐질 거예요. 갈등의 불씨가 생기면 타인의 마음을 잘 읽고 존중하고 이해하려는 태도가 필요해요. 어쩌면 이런 일은 리더십의 끝판왕일지도 모르겠어요. 경청과 존중의 마음은 자존감이 높은 아이들이 지닌 품격이니까요.

서번트 리더십을 길러주는 방법

아이에게 서번트 리더십을 길러주려면 일단 부모가 제대로 된 본보기를 보여줘야 해요. 부모가 서로 존중하는 모습을 보여주고, 또 다른 사람을 존중하는 모습을 보여주면 아들 역시 은연중에 존중의 태도를 배우거든요. 간혹 부모가 아이 앞에서 다른 사람의 흉을 볼 때가 있어요. "그 사람은 못됐어", "그 사람은 아주 게을러", "어떻게 사람이 그렇게 하지?" 등 다른 사람을 자신의 잣대로 평가할 때가 있지요. 그런데 이런 모습은 아이에게 전혀 도움이 되지 않아요. 타인에 대한 존중의 태도를 해치는 일이거든요. 그래서 적어도 아이 앞에서는 다른 사람을 흉보고 험담하는 일을 최대한 조심해야 해요.

부모의 태도와 함께 중요한 것이 경청의 힘을 길러주는 일이에요. 경청은 그냥 듣기만 한다고 이뤄지지 않아요. 다른 사람의 말을 잘 듣고, 이해하고, 마음까지 알아차리는 일련의 과정이 잘 이뤄지려면 일단 공감할 줄 아는 아이로 키우는 것이 중요해요. 그리고 말하는 사람의 의도를 잘 파악할 수 있어야 해요. 가족끼리 이야기할 때 경청의 태도를 함께 훈련하도록 해주세요. 이야기할 때 중간에 끼어들지 않으며 말하는 사람이 끝까지 말할 수 있도록 배려하는 모범을 보이고 아이도 그렇게 하도록 가르쳐주세요.

아이에게 서번트 리더십을 위한 경청과 존중의 태도를 가르치다 보면 부모도 함께 인격적으로 성숙해질 수 있어요. 모든 부모가 아들을 좀 더 나은 어른으로 키우고 싶어 해요. 아들이 인격적으로 성장하고 사람의 됨됨이를 갖춘 어른이 되도록 도와주려면 부모도 그에 걸맞은 태도로 아이를 대하고 가르쳐야 합니다. 노력이 필요한 것이지요. 부모로서 가장 가까이에서 아이가 보고 배울 수 있는 멋진 역할 모델이 되어주면 좋겠습니다.

"친구 말을 잘 들어줘."

궁극의 리더십은 자신을 낮추며 타인을 올려주는 일. 절대 쉽지 않은 일이에요. 초등 아이들은 자기중심적이고 본인이 우선이거든요. 그래서 다른 사람을 존중하고 경청하는 태도를 가르쳐줘야 하지요. 가장 큰 교육은 모범을 보여주는 일이에요. 먼저 부모가 아이를 존중해야 해요. 존중받은 아이는 친구를 존중하는 마음을 가지니까요. 그리고 종종 친구의 말을 경청하도록 말로써 일깨워주면 됩니다.

아들의 리더십을
키우는 방법

초등학교에는 모둠 활동 수업이 꽤 많아요. 대개 모둠별로 작품을 만들거나 프로젝트를 발표하는 형식이지요. 아이들이 한데 모여 각자 역할을 맡아 토의하고 협업하는 모습을 보면 어른 같다는 생각이 들기도 해요. 친구들과 의사소통을 하면서 하나의 목표를 향해 함께 나아가는 모습을 볼 수 있어서요.

모둠 활동은 학습 측면에서도 중요하지만, 사회성과 리더십을 기르기에 최적의 활동이 아닌가 싶어요. 모둠 활동을 할 때 아이들은 다양한 모습을 드러내요. 적극적으로 활동에 참여하는 아이, 친구들과 활발하게 의견을 나누면서 과제를 완수하는 아이, 가만히 앉아 무기력하게 친구들의 활동만 쳐다보는 아이, 친구들의 의견은 무시한 채 자기주장만 고집하는 아이… 똑같은 활동을 하는데도 그걸 받아들이는 모습은 천차만별이에요.

그래서 교사들이 모둠을 구성할 때 신경을 쓰는 것이 있어요. 리더 역할을 할 아이를 한 모둠에 한 명 정도는 배치하는 거예요. 만약 리더 역할을 할 아이가 없다면 모둠 활동은 제대로 이뤄지지 않을 테니까요. 리더 역할을 할 수 있는 아이를 미리 파악해 자리 배치를 할 때 어느 정도 균형을 맞춰놓아야 아이들의 활동에도 선순환이 일어납니다.

리더십이 있는 아이들의 공통점

리더 역할을 하는 아이의 특징

- 이야기를 듣고 맥락을 제대로 파악함
- 이야기를 쉬운 언어로 재구성해서 친구들에게 전달할 수 있음
- 친구들의 의견을 듣고 각자 맡고 싶은 역할을 조율함
- 갈등이 생겼을 때 상황을 정리하는 능력이 있음

리더 역할을 하는 아이들은 공통적으로 이런 역량을 갖고 있어요. 물론 한 명의 아이가 이런 역량을 모두 갖고 있으면 금상첨화겠지만, 그래도 여러 아이가 모이면 누군가는 이런 역량을 하나씩 갖고 있어서 모둠 활동이 한결 편해지기도 해요. 하지만 반대로 이

런 역량을 가진 아이가 하나도 없어서 모둠 활동이 난감해지는 때가 있기도 하지요.

이런 역량을 살펴보면 리더십이야말로 따로 떨어져 있는 무언가가 아니라 아이가 가져야 할 많은 능력이 하나로 합쳐진 종합 예술이라는 사실을 알 수 있어요. 이야기의 맥락을 파악하는 일은 문해력이 뒷받침되어야 가능해요. 이야기를 쉬운 언어로 재구성하는 일은 자신이 완전하게 이해해서 쉽게 말하는 것으로, 학습과 이해력을 갖춰야 할 수 있지요. 친구들의 의견을 듣고 역할을 조율하는 일은 공감력과 각자가 무엇을 요구하고 원하는지 제대로 파악하는 능력이 있어야 해요. 갈등이 생겼을 때 상황을 정리하는 일도 그 상황에 대한 정확한 파악, 그리고 각자가 원하는 바를 꿰뚫고 있어야 가능한 일이지요.

리더십을 키우는 의사 결정의 경험

의사 결정의 경험은 리더십에 필요한 소통 기술을 길러주는 데 효과적이에요. 가정에서 기회가 될 때 가족회의를 하면서 아이와 깊이 있는 대화를 나누는 일도 소통 기술을 길러주기에 좋은 방법이지요. 예를 들어, 자전거 한 대를 살 때도 어떤 자전거를 살 것인지, 어느 정도 가격대를 살 것인지, 가능한 예산은 얼마인지 등 하나하나 따져보면서 온 가족이 이야기하게 되면 아이도 논의에 참여하면서 맥락을 파악하는 능력을 기를 수 있어요. 여행을 갈 때도 의사 결정 단계에서부터 아이를 참여시키면 좋아요. 마트에서 장을 보는 일상적인 일에서도 무엇이 필요한지, 무엇을 사야 하는지, 예산은 얼마인지 등을 알려주고 아이가 의견을 내고 참여하게 하면 다른 아이들과 협력하는 일도 능숙하게 해낼 수 있을 거예요.

아이에게 리더십을 길러주기 위해서는 자신이 직접 의사 결정을 할 기회를 많이 만들어줘야 해요. 의사 결정을 하면서 상황을 꿰뚫어 보는 힘을 기를 수 있기 때문이지요. 대부분의 아이들, 심지어 어른들도 특정 상황에 직면하면 그 상황만을 보는 경향이 있어요. 특정 상황에 매몰되면 입체적으로 분석하고 사고하기가 어려워지거든요.

흔히들 나무가 아니라 숲을 보는 아이로 키워야 한다고 말해요. 숲을 보는 아이가 되려면 조금 더 높은 곳에서 세상을 바라보는 기회가 주어져야 해요. 아들이 조금 더 높은 곳에서 세상을 바라보게 하려면 부모가 여러 가지 상황을 다양한 각도에서 분석할 기회를 제공해줘야 하지요. 말로는 정말 쉽지만 실천은 은근히 어려워요. 사실 부모가 아들을 스스로 서는 주체로 보기보다는 부모를 따라야 하는 사람으로 보기 때문이에요.

아들의 리더십은 부모의 마음가짐에 따라 달라져요. 부모가 어떤 방식으로 아들을 대하느냐에 따라 리더십은 길러질 수도 있고, 모둠 활동 시간에 축 처져서 친구들의 말에만 따라가는 아이가 될 수도 있기 때문이지요. 아들의 리더십을 위해 함께 의논하고 결정하는 가족 문화를 만들면 좋겠습니다. 온 가족이 활발하게 의견을 주고받는다면 아들은 밖에서도 멋지고 당당하게 소통할 수 있는 사람으로 자라날 거예요.

"자, 회의를 해볼까?"

리더십의 기반이 되는 의사소통 역량. 의사소통도 훈련이 필요해요. 이야기의 맥락을 파악하고, 자기 의견을 조리 있게 말하는 것도 그냥 되는 일은 아니니까요. 아들이 평소에 가정에서 생각을 정리해 말할 기회를 가지면 모둠 활동이나 학교 행사에서 나만의 리더십을 발휘하며 친구들과 활동할 수 있을 거예요. 더 나아가 집안의 대소사를 함께 논의하면서 주체가 되도록 해준다면 리더십을 탄탄하게 갖춘 어른으로 성장할 것입니다.

Part
3

사람들과
건강하게
관계를 맺으며
살아나갈

아들로
키우는 말

감정 조절 능력

감정의 주파수를 현명하게 맞추는 힘

우리는 많은 감정을 느끼면서 살아가요. 여러 감정을 느끼면서 삶을 더 풍부하게 사는 것은 인생에서 선물 같은 일이에요. 하지만 사람은 때때로 감정에 너무 치우쳐서 제대로 판단하지 못하거나 옳지 않은 행동을 하기도 해요. 그래서 아들에게는 감정을 잘 다스리면서 세상을 살아갈 힘이 필요합니다.

학교에서는 종종 자신의 화를 다른 친구에게 푸는 아이를 볼 수 있어요. 학교생활이 힘들어지는 대표적인 모습이지요. 초등학생들도 화를 참지 못하고 친구들을 아무렇게나 대하는 아이와는 거리를 두거든요. 그렇기 때문에 감정을 잘 다스릴 줄 알아야 학교생활을 제대로 해낼 수 있다는 점에서 아들에게 감정 조절 능력을 키워주는 일은 정말 중요합니다.

감정 조절 능력의 출발점,
감정 알아차리기

감정을 알아차리기란 정말 어려워요. 우리는 기분이 괜찮은 여러 감정이 들면 '좋다'라고 막연하게 느끼고, 기분이 찝찝한 여러 감정이 들면 '나쁘다'라고 막연하게 느끼거든요. '좋다'와 '나쁘다' 사이에 수많은 감정의 스펙트럼이 있음에도 불구하고, 미세한 차이를 세세하게 알아차리지 못하면 어쩔 수 없이 막연하게 느껴지는 것이 감정이에요.

감정에도 메타인지가 필요하다

우리가 감정을 세세하게 알아차리고 파악할 수 있다면 누구나 감정을 상대방에게 오해 없이 정확하게 전달할 수 있을 거예요. 그런데 만약에 우리가 감정을 알아차리거나 파악하는 데 능숙하지 않다면? 감정이 무의식 속에서 꺼림직하거나 불쾌한 느낌으로 남아 있겠지요. 그래서 내가 지금 어떤 감정인지 제대로 파악하지 못하면 화가 나게 돼요.

빨주노초파남보. 여러 가지 색을 하나하나 떼어 볼 수 있다면 각각 다른 색깔이지만, 그럴 수 없다면 모두 섞여서 검은색이 되는 것과 비슷해요. 미술 용어로는 '감산 혼합'이라고 표현할 수 있을 거예요. 감정도 감산 혼합이 되는 셈이지요. 그렇다면 감정을 표현하는 단어는 얼마나 있을까요? 우리는 일상생활에서 얼마나 그런 단어를 사용하면서 살아갈까요?

감정과 관련해서 자주 쓰이는 단어를 한번 알아보겠습니다. 감정 단어 목록을 활용해 감정 파악하기. 부모가 먼저 잘 파악해야 아들에게도 제대로 가르쳐줄 수 있겠지요. 단순히 '좋다'와 '나쁘다'를 막연하게 느끼는 것과 여러 가지 감정 단어를 적절히 조합해서 자기감정을 표현하는 것 중에 어느 것이 나을까요? 당연히 후자일 거예요.

"우아, 완전 필요한 거였는데, 이런 선물을 해줘서 정말 감동받았어."

"이렇게 계속 똑같은 일만 하니까 아주 지겨워."

감정 단어 목록

감동하다	걱정되다	고맙다	곤란하다	괴롭다
귀찮다	기대되다	기쁘다	긴장되다	놀라다
답답하다	당황스럽다	두근거리다	두렵다	마음 아프다
막막하다	만족스럽다	망설여지다	무섭다	미안하다
밉다	부끄럽다	부담스럽다	부럽다	분하다
불안하다	불편하다	비참하다	뿌듯하다	사랑스럽다
서럽다	설레다	섭섭하다	속상하다	슬프다
신나다	실망하다	싫다	심심하다	쑥스럽다
아쉽다	안심되다	안타깝다	얄밉다	어색하다
억울하다	외롭다	우울하다	원망스럽다	자랑스럽다
자신만만하다	조마조마하다	지겹다	지루하다	짜증 나다
편안하다	피곤하다	행복하다	허전하다	혼란스럽다
화나다	황당하다	후회스럽다	흥분되다	힘들다
힘이 나다				

어떤 일이나 상황에 대해 내가 느끼는 감정을 정확하게 표현할 수 있다면 우리는 마음에서 일어나는 여러 가지 감정의 색을 더 잘 파악하고, 또 확인할 수 있을 거예요. 감정에도 메타인지가 필요한 셈이지요. 감정에 메타인지가 생긴다면 우리는 감정을 훨씬 더 정확하게 파악해 자칫 흥분되는 성긴 상황에서도 화내지 않고 조곤조곤 말로 표현하는 힘을 발휘할 수 있어요.

감정 파악도 훈련해야 한다

사실 우리가 일상에서 흔히 사용하는 감정 단어는 그렇게 많지 않아요. 사람마다 쓰는 단어가 조금씩 다르겠지만, 대부분 '좋아', '나빠', '짜증 나' 이 정도의 단어만으로 감정을 표현하기도 하니까요. 감정과 관련해서도 어릴 때부터 충분한 훈련이 필요한데, 지금 부모 세대는 유년기에 그런 훈련을 많이 받지 못하고 자랐을 가능성이 높아요. 예전에는 잘 먹이고, 잘 입히고, 공부를 잘 시키면 더할 나위 없이 훌륭하게 키우는 것이었기 때문에 감정과 관련한 대화는 충분히 나누지 못한 가정이 대부분이었거든요.

하지만 이제는 시대가 변했어요. 화내지 않고 조곤조곤 감정을 표현하는 것도 아들이 멋진 남자, 좋은 어른으로 성장하는 데 중요한 일이에요. 조금 화난다고 버럭 하는 사람보다는 차분하게 이야기하는 사람이 훨씬 품위 있어 보이니까요. 그래서 부모는 아들과 대화할 때 여러 가지 감정 단어를 쓰면서 감정을 정확하게 표현하는 것이 좋아요. 다양하게 감정을 표현할 때 감정을 파악하는 메타인지가 생기거든요. 감정을 제대로 파악하지 못하면 막연하게 화가 나지만, 감정에 메타인지가 생기면 속상하고 답답하더라도 무턱대고 화내는 일은 피할 가능성이 높아져요.

그리고 감정을 정확히 파악하기 위해서 감정 카드를 활용하는 것도 좋아요. 감정을 나타내는 단어가 언뜻 쉬워 보이지만, 익숙하게 사용하려면 어느 정도 훈련이 필요하기 때문이에요. 감정 카드는 그 훈련을 조금 더 재미있고 쉽게 만들어줍니다.

"오늘의 엄마(아빠) 감정은 이거야."

좋다, 싫다, 나쁘다, 화난다, 짜증 난다… 이런 말뿐만 아니라 그 외의 다양한 말로 여러 가지 감정을 알아차리고 표현하기란 쉽지 않아요. 더군다나 아들은 감정을 잘 인식하려 하지 않고 오히려 종종 회피하려고 하지요. 그 결과, 자기감정이 어떤지 조곤조곤 표현하지 못하고 화를 내기도 해요. 감정을 인식하지 못하면 꺼림직하고 불쾌한 마음에 화를 내게 되니까요. 아들이 감정을 정확히 인식하고 표현할 수 있도록 감정을 나타내는 다양한 말을 가르쳐주세요. 부모가 감정 카드를 이용해서 따뜻한 말을 건네준다면 아들이 감정을 알아차리는 데 많은 도움을 받을 거예요.

감정을 눈에 보이게
해야 하는 이유

　감정 조절 능력의 핵심은 화가 나거나 슬플 때 평정심에 이르는 거예요. 속상하고 답답하고 화가 나고 짜증이 날 때 평정심을 잃은 나머지 자신도 모르게 부정적인 말이나 행동을 하게 될 수도 있으니까요. 다시 말해 기분이 좋지 않을 때를 어떻게 잘 넘어가느냐가 부모가 아들을 키울 때 고민하는 감정 조절 능력의 포인트예요.

　초등 아들은 대부분 감정 조절 능력이 미성숙해요. 이제 막 배워나가는 단계니까요. 그런데 부모는 그런 아들을 보면서 답답함을 느껴요. '얘는 왜 이러지?'라고 생각하고요. 일단 아들의 감정 조절 능력을 키워주려면 아들이 아직은 미성숙하고 이제 성장하려는 단계라는 것을 부모가 충분히 인식하고 받아들여야 해요. 그래야 아들을 이해할 수 있고, 그럴 때 차분하게 대해줄 수 있으니까요.

부모는 아들의 마음을 비춰주는 거울

감정을 알아차리는 일은 아들과 부모 모두에게 어려워요. 뭔가 기분이 나쁜데 그게 어떤 감정인지 말로 표현하려면 어떻게 해야 할지 당황스럽잖아요. 아들은 훨씬 더 그래요. 자신의 기분이 뭔가 찝찝하고 좋지 않은데, 그게 도대체 어떤 감정인지, 왜 그런 감정이 들었는지 잘 파악하지 못하는 때가 부지기수예요. 그래서 그런 감정들이 그냥 '화'로 표현되기도 하지요. 그래서 부모는 아들이 감정을 잘 파악할 수 있도록 도와줘야 해요. 어떤 감정인지, 왜 그런 감정인지 아들과 대화하면서 아들의 마음을 비춰주는 거울이 되어줘야 하지요.

상담 기법 중에 '반영'이라는 기법이 있어요. 부모가 심리 상담사는 아니지만 그래도 이런 기법을 알고 있으면 말할 때 조금 더 세련되게 전문적으로 해줄 수 있겠지요. 심리 상담에서는 상담자가 "속상하고 안타까운 기분이었겠군요"처럼 내담자의 감정에 공감하면서 어떤 마음이었을지를 이야기해요. 굳이 심리 상담이 아니더라도 친구와 이야기를 나누다가 "너 정말 답답했겠다"처럼 친구가 내 기분을 설명하는 말을 들어본 적이 있을 거예요. 이렇게 누군가의 감정을 콕 집어서 거울로 비추듯이 이야기하는 것이 반영이에요.

그렇다면 반영이 아들과의 대화에서 중요한 이유는 무엇일까요? 초등 아들은 아직 어려서 감정 파악이 서툴러요. 자기가 어떤 마음인지, 어떤 감정인지 잘 모르기 때문에 화가 나는 것이거든요. 일단 어떤 감정인지를 알게 되면 그 마음을 누그러뜨리기가 수월해요. 예를 들어, 자기가 속상하다는 사실을 알게 되면 무엇 때문에 속상한지 파악하게 돼요. 그러면 속상한 이유에 대해서 생각하고 해결 방법을 찾을 수도 있지요. 그런데 속상한 마음을 파악하지 못하면 그냥 화만 나고 짜증만 나게 되는 거예요. 그래서 부모가 아들의 감정을 반영하는 것은 아들의 감정 조절에 중요한 열쇠가 됩니다.

아들의 마음을 거울처럼 잘 비춰주려면 부모는 아들을 조금 더 세심하게 관찰해야 해요. 감정의 밑바탕에 깔린 원인을 찾고, 표정이나 몸짓 같은 비언어적 행동을 통해서도 감정을 파악할 수 있어야 하니까요. 가정에서 아들의 감정을 반영하려면 어떻게 해야 할까요? 일단 아들의 말을 경청해주세요. 어떤 일이 있었는지, 왜 기분이 좋지 않은지 등을 이야기를 나누면서 파악한 다음, 아들이 화가 나서 씩씩거릴 때 이렇게 말해주면 좋습니다.

"우리 민우가 장난감이 망가져서 속상하구나."
"아직 숙제를 다 하지 못해서 초조하구나."

그러면 아들도 자기가 기분이 좋지 않거나 화나는 이유가 그런 감정을 갖기 때문이라는 사실을 인식하게 돼요. 그다음에는 그런 감정을 해소하기 위해 무엇을 해야 할지 고민하기 시작하지요. 이때, 한 번 더 이야기를 해주면 좋아요.

"장난감이 망가져서 속상하지? 우리 장난감 회사에 수리를 맡겨 볼까?"

"숙제를 못 했는데, 아직 시간이 있어. 밥 먹고 30분만 하면 될 거야. 시간을 잘 써보자."

이렇게 말하고 행동하는 상황이 반복되면 아들에게는 화가 날 때마다 무엇 때문에 그런지 스스로 파악하는 힘이 생기게 돼요. 일상생활 속에서 부모가 아들의 감정을 비춰주는 노력을 거듭할수록 아들이 자신의 감정을 대하는 패턴은 굉장히 세련된 방향으로 발전할 거예요.

얼굴을 가꾸는 데도 거울이 필요하지만, 마음을 가꾸는 데도 거울이 필요해요. 아들에게 감정의 거울이 있다면 늘 자신의 감정을 비춰보면서 마음을 건강하게 가꿔나갈 수 있겠지요. 아들과 가장 가까운 부모가 깨끗하고 맑은 거울이 되어준다면 아들의 감정 조절 능력은 일취월장할 거예요. 일단 아들에게 맑은 거울이 되어주기 위해 노력해보세요.

감정을 눈에 보이게 전하면 생기는 일

아들에게 감정을 전하고 싶을 때 감정 카드를 사용해서 구체적으로 마음을 표현해보세요. 그러면 아들은 평소보다 훨씬 더 감동

받을 거예요. 아들은 추상적인 말보다는 눈에 보이는 구체물에 크게 자극을 받거든요. 물론 말 한마디도 좋지만, 그 말을 카드에 써서 직접 보여준다면 훨씬 더 효과적으로 마음을 전해줄 수 있지요. 아들이 자기 할 일을 잘하면서 정말 멋지게 하루를 보냈다면 격려하는 마음을 감정 카드에 담아 전해보세요. 그러면 이런 대화도 할 수 있답니다.

> 엄마   엄마는 기분이 정말 좋아. 엄마는 지금 편안하고, 든든하고, 느긋하고, 기쁘고, 민우가 정말 자랑스러워. 오늘 민우가 자기 할 일을 열심히 해줘서 고마워. 그리고 엄마 생각에 민우는 어떤 기분일 것 같냐면… 오늘 할 일을 잘해서 뿌듯하고, 뿌듯한 마음에 그 어느 때보다 생기가 넘칠 것 같아. 그렇지?
>
> 아들   음… 그런 것 같아요. 근데, 엄마, 잠깐만요. 아빠, 이것 보세요. 엄마가 제 덕분에 든든하고, 자랑스럽고, 행복하고, 느긋하고, 편안하고, 만족스럽고, 뿌듯하고, 감동받았고, 기뻤대요. 엄마가 좋은 감정 카드를 다 꺼내셨어요.
>
> 아빠   우아, 우리 아들 오늘 정말 멋지네.

이처럼 부모가 감정 카드를 적재적소에 사용하면 아들에게 감정을 표현하는 법도 가르쳐주고, 자기 자신에 대한 뿌듯한 마음도 갖게 할 수 있어요. 부모가 감정을 눈에 보이게 표현하면 아들 역시 자기감정을 조곤조곤 멋지게 표현하는 어른으로 자랄 거예요.

생각만으로도 가슴 벅차는 일이 아닐까요? 감정을 눈에 보이게!
부모가 아들에게 꼭 해줘야 할 일입니다.

"지금 기분은 어때?"

알아차림. 감정을 잘 다스리려면 마음을 알아차리는 것이 가장 중요해요. 하지만 말처럼 쉽지 않아요. 사람은 대부분 말하고 행동하는 데만 에너지를 집중하느라 감정을 인식하는 일은 거의 무의식적으로 해버리거든요. 무의식적으로 달려가다 보면 '내가 그랬었나?' 하고 후회하는 순간이 찾아오기도 해요. 감정을 제대로 다스리지 못해서요. 때때로 아들이 감정을 인식하면서 '내가 이렇구나' 하는 것을 알아차리도록 도와주세요.

감정이 태도가
되지 않게

초등 3학년 민우. 아침부터 씩씩대면서 교실에 들어와요. 무슨 기분 나쁜 일이 있었는지 의자를 팍! 앉는 것도 팍! 친구들을 잠깐 노려보더니 바로 엎드려요. 승열이가 책상 사이를 지나가다가 민우를 살짝 쳤어요. 민우는 큰 소리로 말했어요.

"야, 너 왜 나 때려?"

"내가 뭘?"

"지금 네가 날 때렸잖아!"

그 모습을 처음부터 지켜보던 선생님은 민우와 승열이를 불렀어요. 민우와 승열이에게 어떤 상황인지 물었지요. 민우가 먼저 대답했어요.

"얘가 저를 때리고 지나가잖아요!"

승열이가 대답했어요.

"저는요, 그냥 살짝 건드렸어요."

선생님이 말했어요.

"민우야, 때린 것과 건든 것은 서로 다른 거야. 선생님이 처음부터 봤는데, 승열이가 지나가다가 일부러 때렸니? 아니면 살짝 건드린 거니?"

민우가 작은 목소리로 대답했어요.

"건드렸어요."

선생님이 말했지요.

"그래, 네가 기분이 나쁜 건 알겠는데, 친구한테 그렇게 소리 지르지는 말자."

민우가 대답했어요.

"네."

등교 전 아침 시간의 분위기가 중요한 이유

점심시간에 선생님이 민우를 불러서 이야기를 나눠봤더니 민우는 아침부터 기분이 좋지 않았대요. 집에서 엄마한테 크게 혼나고서 학교에 왔거든요. 학교에서는 종종 아침부터 기분이 안 좋은 아이들을 마주할 때가 있어요. 아침에 좋지 않은 기분으로 집을 나서면 어른도 거의 하루 종일 그 영향을 받는데, 어린아이들은 오죽

할까요? 아이가 자기 기분을 어찌할 수 없어서 상대방에게 투사하며 갈등을 만드는 일은 없도록 해야 해요. 불쾌한 감정이 태도가 되지 않게 교육하려면 부모는 일단 불가피한 일이 아니라면 아이가 불쾌하지 않은 상태로 학교에 보내야 해요. 어른도 감정 해소가 어려운데, 이걸 아이가 잘해내기란 훨씬 어렵고 힘드니까요.

보통 아침에 부모님들이 아들에게 잔소리하는 이유는 준비물을 제대로 챙기지 않았거나, 숙제를 안 했거나, 밥을 대충 먹는 경우 등이에요. 준비물과 숙제는 전날 저녁에 미리 해놓으면 아침에는 가방만 메고 학교에 가면 되니까 잔소리를 줄일 수 있어요. 아침을 제대로 먹지 않는다면 한두 번 정도는 그냥 학교에 보내도 괜찮아요. 학교에서 배가 고파 보면 그다음부터는 먹지 말라고 해도 잘 먹게 되니까요.

여기서 주의할 점 하나. 간혹 어떤 부모는 아들이 잘못했을 때 봐도 못 본 척하면서 말도 안 걸고 투명 인간 취급을 하기도 해요. 앞서 자존감 챕터에서 이야기했던 침묵 요법을 사용하는 것이지요. 부모의 그런 태도에서 아들은 본능적으로 공격성을 감지해요. 부모는 아무 말도 안 했기 때문에 화낸 건 아니라고 생각할 수 있지만, 다분히 공격적인 투명 인간 취급은 아이에게 많은 상처를 안겨줍니다. 이런 상태로 아들이 학교에 가면 민우처럼 친구들에게 짜증을 낼 수도 있어요. 부모가 아들에게 감정이 태도가 되지 않게 교육하는 일은 정말 중요해요. 그리고 더 중요한 것은 불편한 감정을 만드는 일을 최소화하는 것이지요.

태도에도 교육이 필요하다

아들이 순간의 화에 이끌려서 소리를 지르거나 나쁜 행동을 한다면 한 번쯤은 꼭 기회를 주세요. 소리를 지른 아들에게 똑같이 소리를 지르면서 맞대응하면 교육은 이뤄지지 않으니까요. 차분하게 마음을 가라앉힌 다음, 다시 어떻게 행동해야 할지 교육하다 보면 나쁜 행동은 점차 사라지거든요. 소리를 지르고 물건을 던지는 아들에게는 차분히 이렇게 말해주세요.

"지금 그렇게 말하는 건 제대로 된 말이 아니야. 일단 엄마(아빠)
한테 사과하고 나서 생각하고 다시 말해봐."
"생각하고 다시 행동해봐."

이러면 아들은 움찔할 거예요. 그러고 나서 잠시 시간을 주면 사과한 다음에 다시 말하고 행동하게 되지요. 똑같은 상황에서 다른 말과 행동을 하도록 도와줘야 아들은 이후에 조금 더 바람직한 방향으로 나아갈 수 있어요. 감정의 불꽃이 일어났을 때 소화기처럼 불을 꺼주는 태도를 가르치는 것이지요. 부모는 어른이잖아요. 어린 아들이 화를 낸다면 조금 더 차분하게 자신의 감정을 식히고 바른 행동을 내면화할 수 있도록 이끌어주면 좋겠습니다.

"감정과 태도는 구분해야 해."

"선생님, 민우가 저를 때렸어요." 선생님에게 친구의 잘못을 말하는 아이. 그런데 선생님에게 잔뜩 화를 내면서 말해요. 선생님이 때린 게 아닌데도 말이지요. 당연히 어리니까 그럴 수 있어요. 하지만 이런 태도가 지속되고 그대로 어른으로 자란다면? 조그만 일에도 다른 사람에게 갑질을 하는 어른이 될 수도 있겠지요. 화난 감정과 타인을 대하는 태도를 분리할 수 있어야 올바른 어른으로 자랄 수 있어요. 감정과 태도를 분리하는 연습. 어린 시절 가정에서부터 시작해주세요.

부모가 참는 만큼
아들은 성숙해진다

민우 야! 너 왜 새치기해?

승열 내가 뭘?

민우 네가 새치기하면서 이렇게 쳤잖아!

승열 뭐가?

민우 에이, 씨! (영어책과 필통을 책상에 던지면서 씩씩거린다.)

선생님 민우야, 네가 화난 건 알겠는데, 영어책 다시 제대로 놔봐.

민우 싫어요.

선생님 다시 놔.

민우 (말없이 책을 다시 놓는다.)

선생님 네가 화를 내긴 냈지만, 책을 다시 놓은 건 잘했어. 만약 네가 영어실로 와서 바로 선생님에게 승열이가 새치기했고, 그래서 화가 났다고 이야기했다면 승열이한테만 주의를 줬을 텐데 아쉽네. 넌 잘못한 게 없는데 화를 내는 바람에 너도 잘못한 사람이 된 거잖아.

초등 4학년 민우와 승열이. 교실에서 영어실로 이동할 때 민우가 앞에서 가고 있는데, 승열이가 갑자기 새치기했어요. 화가 난 민우는 승열이와 말다툼을 했지요. 말다툼은 영어실에 들어와서까지 계속되었고, 민우는 너무 화가 나서 책과 필통을 책상 위에 패대기쳤어요. "쿵"하는 소리에 교실에는 순간 정적이 감돌았지요. 선생님이 교무실에서 영어실로 오는 길에 복도에서 그 광경을 봤기에 다행이었어요. 그렇지 않았다면 민우만 나쁜 아이가 되었을 테니까요.

초등 남자아이들의 가장 큰 특징이 뭔지 아세요? 자신이 화를 내야 할 대상을 잘 파악하지 못한다는 거예요. 친구들끼리 싸우고 선생님이 어떤 상황인지 물어보면 외려 선생님에게 큰소리치며 짜증을 내요. 선생님과 싸운 게 아닌데도 말이지요. 집에서도 마찬가지예요. 숙제하기 싫어서 뭔가 심사가 뒤틀리면 조그만 일로도 엄마 아빠에게 짜증을 내기도 해요. 마치 엄마 아빠가 잘못한 것처럼 말이지요. 다시 말해 화를 내야 하는 대상과 전혀 상관없는 사람도 적대적으로 해석하는 경향이 있다는 거예요. 화를 낼 대상이 아닌데도 화를 내게 되면 상대방은 기분이 나빠져요. 하지만 아들은 아직 성장하는 중이어서 그래요. 그래서 이 시기에 감정 조절 능력을 많이 키워줘야 합니다. 그래야 어른이 되어 초등학생처럼 욱하는 행동을 보이지 않을 테니까요.

아들의 '욱'하는 행동에 대응하는 방법

아들이 감정에 치우쳐서 욱하는 행동을 할 때 부모가 제대로 된 방식으로 반응해줘야 아들의 행동이 달라질 수 있어요. 만약 집에서 아이가 화를 내고 짜증을 낼 때, 부모가 똑같이 화를 내고 짜증을 낸다면 어떨까요? 아들의 행동은 절대 나아지지 않을 거예요. 물론 사랑하는 아들이지만 부모도 그 순간만큼은 정말 힘들고 참기가 힘들어요. 그래서 저도 "아들이 화를 내고 짜증을 내는 그 순간을 꾹 참고 부드럽게 대해주세요"라고 이야기하기가 어려워요. 저도 똑같은 부모라서 마냥 참기가 어렵다는 사실을 누구보다 잘 알거든요.

부모가 매번 참으면서 부드럽게 대해주기는 어렵지만, 열 번에 한 번이라도 참을 수 있다면 아들의 욱하는 행동, 화가 나서 자기 자신도 무심코 하는 행동은 많이 나아질 거예요. 그렇게 부모도 함께 참는 법을 배우면서 열 번에 한 번이 열 번에 두 번이 되고, 시나브로 차분하게 대응하는 횟수를 늘려가다 보면 어느새 부모인 내가 바라는 모습으로 자연스럽게 아이를 대할 수 있을 거예요.

부모로서 지금의 내 모습이 만족스럽지 못하다면 여기서 멈추지 말고 지향하는 방향으로 조금씩 나아가면 좋겠습니다. 너무 자책하거나 죄책감을 가지지 말고요. '그래, 어제보다는 나아졌어', '그래, 한 달 전보다는 나아졌어'라는 마음으로 과거의 나와 비교하면서 한 발짝씩 나아가보세요.

차분하게 참는 부모, 성숙하게 자라는 아들

아들이 무심코 뱉은 말이나 욱했던 행동을 그냥 넘기지는 마세요. 만약 그냥 넘기면 아들은 그렇게 해도 되는 줄 알 테니까요. 그럴 때는 단호하고 낮은 목소리로 이렇게 말해주세요.

"생각하고 말해봐."
"다시 말해봐."
"다시 해봐."

부모가 일단 이렇게 말하면 많은 아이들이 주춤해요. 자신이 실수했다는 사실을 직감적으로 알아차리기 때문이지요. 물론 아이들이 그 자리에서 "죄송해요" 혹은 "말실수했어요"라고 말할 가능성은 아주 적어요. 아이들은 자기가 저지른 실수를 만회하기 위해서 무엇을 어떻게 해야 할지 모르기 때문이에요. 그래서 일단 부모는 단호하게 말한 다음, 아이가 주춤하는 사이에 한 번 더 굳히기를 해주면 좋아요.

"어떻게 말해야 할지 생각한 다음에 다시 말하자. 지금은 나도 기분이 나빠서 생각 없이 말하게 될 것 같거든. 조금 있다가 네가 생각한 다음에 다시 얘기하자."

이렇게 부모가 화가 나는 감정을 잘 추스르고 정리하면서 아이에게 생각할 시간을 준다면 서로 갈등의 골이 깊어지는 상황을 막을 수 있어요. 사실 말이 쉽지, 실전에서 적용하기는 정말 어려워요.

부모에게는 아이와의 관계도 정말 어려운 공부예요. 하지만 부모의 공부가 깊어질수록 아이와 마음 편하고 행복한 관계를 맺을 수 있을 거예요. 어려운 일이지만, 충분히 할 만한 가치가 있는 셈이지요. 아들이 화를 낼 때는 차분하게 정제된 한마디를 건네보면 어떨까요? 아들은 부모가 참는 만큼 더 성숙한 어른으로 성장할 테니까요.

"다시 한번 말해봐."

화내고 짜증 내는 아들에게 부모는 마음과는 다르게 좋은 말이 나오지 않을 때가 많아요. 그럴 때 부모가 똑같이 짜증 섞인 목소리로 말한다면 관계는 영영 평행선을 그릴지도 모르지요. 아들이 화내거나 짜증을 내는 순간, 그 순간의 말투를 교정해줘야 아들도 표현을 다듬어나가면서 조금씩 나아질 수 있습니다. 아들이 화내고 짜증 낼 때 부모가 해줘야 할 말은 바로 "다시 한번 말해봐"예요. 아들은 자기 말투를 직면하고 인식하면서 감정적인 말투를 조금씩 고쳐나갈 수 있어요.

정서 안정과
감정 조절 능력

    초등 1학년 민우. 아침에 교실로 들어오는데, 무슨 일인지 얼굴에 근심이 가득해요. 시무룩한 얼굴로 자리에 앉아요. 일찍 온 친구들은 수다 삼매경인데, 민우는 혼자 책상에서 가만히 멍한 얼굴로 고개를 푹 숙이고 있지요. 선생님은 민우가 걱정되어 조심스럽게 물어봐요.

    "민우야, 무슨 일 있었어?"

    "…."

    아무 대답이 없는 민우. 걱정은 되지만 아이가 말을 하지 않으니 더 이상 묻기 어려운 선생님. 그렇게 4교시가 지나갔어요. 점심시간, 민우의 기분이 좀 나아진 듯해 선생님은 다시 민우에게 무슨 일이 있었는지 물어봤지요. 민우는 역시 대답하지 않았어요. 그런데 갑자기 옆에 있던 승열이가 민우 대신 대답했어요.

"어젯밤에 민우 엄마랑 아빠가 싸우셨대요. 그래서 아침까지 말도 안 하셨대요."

집에서 있었던 일을 친구들에게 그대로 다 말한 민우. 친구가 대신 전해준 민우의 이야기를 듣고 그제야 상황이 이해되는 선생님. 민우의 부모님이 싸운 것은 안타까웠지만, 그래도 민우의 기분이 풀려서 다행이라는 생각이 들었어요.

매일 아침, 아이들이 학교로 오는 모습에서 다양한 표정이 보여요. 친구와 놀 생각에 기분이 좋은 아이, 학교에서의 재미있는 활동이 기대되어 밝게 웃는 아이… 그런가 하면 아침에 부모님에게 혼나서 풀 죽어 오는 아이, 무슨 걱정인지 근심 가득한 표정으로 학교에 오는 아이… 여러 아이가 있어요. 이왕이면 기분 좋게 학교에 와서 즐겁게 생활하면 좋을 텐데, 집에서부터 안 좋은 일이 있으면 학교에 와서도 기분이 별로예요.

감정 조절의 가장 큰 적, 정서 불안정

아들의 정서가 안정되어야 감정 조절도 할 수 있고, 학교생활도 잘할 수 있어요. 가정의 좋지 않은 분위기는 아들의 정서를 불안정하게 만드는 가장 큰 저해 요인이에요. 그래서 부모는 아들 앞에서 싸우는 일을 최대한 피해야 하지요. 물론 부모도 사람이기에 갈등이 일어나면 말다툼할 수도 있고, 말하다 보면 큰 소리가 날 수도 있어요. 어른에게도 감정 조절은 어려운 일이니까요. 만약 엄마 아빠 두 사람만 살고 있다면 다른 사람에게 피해를 주는 일은 없을 거예요. 이웃에서 조금 시끄러운 소리를 들을 수는 있겠지만요. 그런데 아이가 있다면 문제는 크게 달라져요. 부부 싸움은 아이에게 안 좋은 영향을 미치거든요.

2009년 프랑스 국립건강의료연구진의 연구 결과에 따르면, 어린 시절에 부모가 싸우는 모습을 많이 본 성인에게서 우울증, 자살 기도, 가정 폭력이 나타나는 비율이 더 높았다고 해요. 구체적으로는 우울증에 걸릴 비율이 1.4배, 가정 폭력을 행사할 비율이 세 배, 훗날 자라서 자신의 아이를 학대할 비율이 다섯 배가 높았다고 합니다.

2016년 미국 로체스터대, 미네소타대, 노터데임대 연구팀의 공동 연구 결과를 보면, 부부간의 말다툼 또한 아이에게 좋지 않은 영향을 미친다는 사실을 알 수 있어요. 부모가 전화로 싸우는 상황을 설정해서 아이의 코르티솔 수치 변화를 측정했는데, 수치가 높아졌다고 합니다. 코르티솔은 신장의 부신 피질에서 분비되는 스트레스 호르몬으로, 급성 스트레스에 반응할 때 분비되지요. 코르티솔 수치가 높아진다는 것은 스트레스를 받고 있다는 증거예요. 문제는 이런 스트레스 호르몬이 정서뿐만 아니라 신체에도 좋지 않은 영향을 미친다는 사실이에요. 부모가 싸우고 사이가 안 좋으면 아이가 아프기도 하거든요.

사람과 사람 사이의 갈등은 살면서 일어나는 어쩔 수 없는 일이에요. 사람들은 각자의 생각이 있고 가치관이 다르기 때문이지요. 부모가 갈등 상황을 어떻게 지혜롭게 해결하느냐가 아이의 정서에 큰 영향을 미치기에 부모는 갈등 속에서도 서로를 자극하지 않도록 주의하고 노력해야 합니다.

부모가 피해야 할 관계의 폭탄 네 가지

미국의 심리학자 존 가트맨은 《사랑의 과학》에서 부부 사이에서는 관계의 폭탄 네 가지를 피해야 한다고 역설했어요. 비난, 방어, 경멸, 담쌓기가 부부 사이의 관계를 망가뜨리는 네 가지 폭탄이지요. 그중 첫 번째, 비난은 말 그대로 상대방에게 잘못을 덮어씌우는 거예요.

"당신이 그런 식으로 하니까 내가 화가 나지. 당신 때문에 다들 하루를 짜증 나게 보낸 거잖아!"

이렇게 말하면 상대방은 어떤 반응을 보일까요?

"아, 내 잘못을 알려줘서 고마워요. 나 때문에 다들 힘들었다는 사실을 알게 되었어요. 다음부터는 조심하도록 할게요."

이렇게 친절하게 말할까요? 정반대겠지요. 비난은 불난 데 기름을 끼얹는 것처럼 감정의 불길만 더 활활 타오르게 할 거예요.

"당신도 똑같거든?", "나만 잘못했어? 당신도 그러잖아"라고 말하면서 자기 잘못을 덮으려고 시도하는 것은 방어예요. 역시 관계에 좋지 않은 태도지요. 갈등 상황이 일어난다면 방어하는 태도보다는 '내 탓도 있다'라는 생각으로 상대방의 말에 귀를 기울일 필요가 있어요.

"당신이 그러니까 안 되는 거야"처럼 경멸하는 태도는 존중과는 정반대인 태도예요. 상대방을 무시하고 업신여기는 말, 그런 말을 던지면 관계는 부드럽게 지속되기 힘들어요. 배우자뿐만 아니라 아들에게도 피해야 하는 태도지요. 아들에게는 부모의 지지와 인정이 절대적으로 필요하니까요.

담쌓기는 침묵 요법과 비슷해 보이지만 살짝 달라요. 서로 말을 하긴 하는데, 리액션 없이 무덤덤하고 건조하게 눈도 쳐다보지 않고 대화하는 일이에요.

"밥 먹어."

"어."

대화할 때 필요한 말만 하면서 상대방을 무시하는 듯한 태도는 관계를 악화시킬 뿐이에요. 문제는 이와 같은 부모의 관계를 지켜보는 아들의 정서가 불안정으로 치닫게 된다는 것이지요.

부모의 관계가 흔들리면 아들의 정서도 흔들리게 돼요. 엄마 아빠가 큰 소리로 싸우면서 서로에게 날을 세우는데 어떻게 아들의 마음이 안정될 수 있을까요? 많은 시간을 서로 함께하다 보면 갈등 속에서 감정적으로 힘에 부치는 일이 생길 수도 있어요. 하지만 아들의 정서 안정을 위해서라도 부모가 마음대로 말하고 행동하고 싶은 마음을 접고, 조금 더 건설적인 관계로 나아가는 길을 찾아보면 좋겠습니다. 아들의 감정 조절은 정서 안정이라는 바탕 위에서 이뤄질 수 있기 때문이에요.

"엄마랑 아빠가 싸웠네. 정말 미안해."

감정 조절이 힘든 건 어른도 똑같아요. 부모가 되었지만, 마음 공부가 부족한 탓에 종종 큰 소리가 나기도 하니까요. 평정심 유지가 가능한 시기에 아들에게 본보기가 되는 것도 중요하지만, 오히려 감정싸움이 폭풍처럼 지나가고 난 다음이 아들에게는 더 교육적인 효과가 있지 않을까 싶어요. 엄마 아빠가 감정 소모의 시간을 보낸 다음에 서로 화해하고 더 나아지는 모습을 보여준다면 아들도 엄마 아빠처럼 성장할 수 있을 테니까요.

공감력

다른 사람의 마음을 충분히 알고 보듬는 힘

친구들 사이에서 공감할 줄 아는 아이를 보면 빛이 나는 것만 같아요. 학교생활에서도 관계가 정말 중요한데, 공감은 관계를 부드럽게 만들어주거든요. 다른 사람의 말을 경청하고, 마음을 알아주고, 배려하는 일의 기본인 공감. '남자아이들이라 세심한 공감은 힘들지 않을까?'라고 생각할 수도 있겠지만, 공감도 충분히 교육을 통해 어느 정도 수준까지는 만들어줄 수 있어요. 아들이 공감하는 어른으로 자라도록 부모가 고민해야 할 일을 잘 살피면 좋겠습니다.

아들의 공감에는
노력이 필요하다

초등 4학년 민우 엄마가 학부모 총회에 참석한 날이었어요. 민우 엄마는 교류가 없던, 민우와 친한 친구인 승열이 엄마를 만났어요. 2년 동안 친했던 친구인데 민우 엄마가 워킹맘이라 친구 엄마들과는 알고 지내지 못했거든요. 학부모 총회를 마치고 잠시 시간을 내어 이야기를 나눴는데, 그동안 몰랐던 사실을 많이 알게 되었지요. 아빠가 편찮으신 터라 승열이가 직장에 다니는 엄마를 위해 밥도 하고 빨래도 하고 설거지도 하면서 집안일을 많이 도와준다는 사실이 그중 하나였어요. 그런데 더 놀라운 건 글쎄, 집으로 돌아와 민우에게 이런 이야기를 해줬더니 깜짝 놀라는 거예요.

"승열이 있잖아. 아빠가 편찮으시대. 그래서 엄마 대신 집안일도 많이 하고 의젓하던데?"

"정말이요? 저는 처음 듣는 얘기예요."

엄마는 민우가 정말 대단하다는 생각이 들었어요. 승열이도 새롭게 보였지만 아들도 새롭게 보였지요. 2년씩이나 친하게 지냈는데 어떻게 아빠가 편찮으신 것도, 친구가 집안일을 도맡아 하는 것도 몰랐을까요?

아들에게 공감력이 중요한 이유

민우처럼 무심한 남자아이들과는 달리 여자아이들은 대부분 단짝 친구의 사정을 아주 속속들이 알고 있는 경우가 많아요. 친구가 결석한 날이면 수업이 시작하기 전에 그 사실을 대신 친절하게 알려주기도 하지요. "선생님, 오늘 ○○가 아파서 학교에 못 온대요." 하지만 남자아이 중 그렇게 친구가 아픈 걸 알려주는 경우는 찾아보기가 정말 힘들어요. 친구가 학교에 오지 않더라도 별 관심을 보이지 않는 아이도 많고요. 처음에는 그런 남자아이들을 보면서 이상하다고 생각하기도 했어요. 도대체 왜 친구에게 마음을 쓰지 않는지를요.

관계가 아니라 활동 지향적인 남자아이들은 친구가 처한 상황보다는 친구와 함께하는 일에 더 많이 관심을 가져요. 그래서 공감하기 힘들어하는 남자아이들에게는 노력이 필요해요. 공감하는 힘을 제대로 기르지 않는다면 여러모로 곤란한 일이 발생할 테니까요. 학교생활은 물론, 사회에 나가서도 많은 제약이 생길 수 있어요.

공감력이 부족하다는 것은 다른 사람을 이해하는 능력이 떨어진다는 거예요. 공감력이 부족하면 다른 사람을 배려하기가 힘든 것은 물론, 나와 다른 방식으로 말하거나 행동하는 사람에게 쉽게 분노하게 돼요. 타인의 다름을 받아들이는 수용성이 떨어지니까요. 그래서 혼자 굉장히 힘든 세상에서 살 수밖에 없어요. 만약 공감력 제로인 민우가 커서 아빠가 되었다고 생각해보세요. 저녁을 먹고 잠시 쉬고 있는 민우에게 초등 1학년 아들이 말해요.

"아빠, 혼자 자기 무서워요. 재워주세요."
"무슨 소리야? 이제 다 컸으니까 혼자 자."
"그래도 재워주세요."
"안 돼. 아빠 밤에 일해야 해."(사실은 새벽에 해외 축구 보려고 계획 중)

공감할 줄 모르는 '아빠 민우'는 아마도 이렇게 말할 거예요. 만약 공감할 줄 아는 민우가 아빠가 되었다면 어떻게 말했을까요?

"우리 아들, 아빠랑 자고 싶구나. 아빠도 재워주고 싶지. 양치질 하고 같이 자자. 그리고 꿈속에서도 만나서 같이 놀까?"

아마 이렇게 따뜻하게 말해줄 수 있을 거예요. 아빠랑 같이 자고 싶은 아들의 마음을 알아차리고 섬세하게 어루만져주겠지요. 아들에게 공감력은 굉장히 중요해요. 공감력이 있다는 것은 삶을 행복하게 살 수 있고, 다른 사람과 잘 어울릴 수 있고, 의사소통에도 강점을 보인다는 것을 의미하니까요. 공감력은 아들의 학교생활, 친구 관계, 더 나아가 사회생활에 절대적으로 필요한 힘이라는 사실을 부모는 반드시 알아야 합니다.

공감도 학습해야 한다

공감력이 중요하다는 사실은 누구나 알고 있어요. 그런데 문제는 남자아이들에게 공감력을 길러주는 일이 정말 어렵다는 거예요. 남자아이들은 대개 주변을 전혀 신경 쓰지 않는 것처럼 행동하거든요. 각자 성향에 따라 다를 수 있지만, 여자아이들은 대부분 관계 지향적이고, 남자아이들은 대부분 과제 지향적이에요. 관계 지향적인 여자아이들은 관계와 유대감에 특별한 의미를 둬요. 부모님, 선생님, 친구와의 유대감을 통해 자기 자신의 의미를 찾기에 남자아이들보다 공감력이 훨씬 뛰어나지요.

이러한 성향의 차이는 일차적으로 남자아이와 여자아이의 서로 다른 뇌 구조에서 기인해요. 좌뇌와 우뇌의 정보를 전달하는 뇌량은 남자아이들이 여자아이들보다 조금 적습니다. 이렇게 상대적으로 적은 뇌량으로 인해 좌뇌와 우뇌를 오가는 정보량 역시 남자아이들이 적지요. 반면에 여자아이들은 뇌량의 양도 많지만, 대뇌 피질도 남자아이들보다 빨리 발달해서 감각적 정보를 수용하는 능력이 뛰어나요. 그래서 여자아이들은 공감에, 남자아이들은 집중과 몰입에 강점을 보이지요.

때때로 어떤 부모는 아들의 감정적인 부분을 간과하기도 해요. '아들이니까 그렇겠지'라면서 공감하지 못하는 아들을 대수롭지 않게 생각하지요. 이것은 '아들이니까 어쩔 수 없지'라는 마음의 다른 얼굴이에요. 지레 포기하는 것이지요. 아들이 선천적으로 갖고 태어나는 기질에도 불구하고 부모는 공감력을 길러주기 위해 노력해야 해요. 아들이 기질적으로 가진 약점 아닌 약점을 부모가 교육으로 보완한다면 아들은 학교와 사회 모두에서 환영받는 자상하고 섬세한 남자로 자랄 수 있을 테니까요. 한마디로 공감에도 학습이 필요한 셈이지요.

"아빠랑 같이 잘까?"

"아빠, 혼자 자기 무서워요. 재워주세요"라는 아들의 말에 어떻게 반응하나요? "다 컸는데 혼자 자", "아빠 일해야 해. 바빠"라고 하는 건 아닌지요? 공감력은 공감을 받아본 경험에서 비롯됩니다. 유년기에 충분히 공감을 받아본 아들에게는 어른이 되어서 타인의 감정을 수용할 수 있는 넓은 그릇이 생겨요. 아들의 감정을 알아차리고 수용해주려는 노력, 그 노력이 아들에게 전해질 때 아들은 공감할 줄 아는 멋진 어른으로 자라날 것입니다.

부모가 먼저
충분히 공감해준다

현재 초등 부모님들이 초등학교에 다니던 시절, 봄이면 학교 앞에서 병아리를 파는 풍경이 펼쳐지곤 했어요. 2000년대 중반까지만 해도 초등학생들은 하굣길에서 병아리를 살 수 있었지요. 500원이면 살 수 있던 병아리는 아이들에게 큰 인기였어요. 귀여운 병아리를 사서 집으로 갖고 갔던 아이들은 며칠 후면 어김없이 기운 없는 모습으로 학교에 왔지요. 병아리가 죽었기 때문이에요. 비록 며칠이지만 집에서 애지중지 키웠던 병아리가 죽는 모습을 본 아이들은 충격을 받을 수밖에 없었어요. 어쩌면 인생을 통틀어 죽음이 무엇인지 처음으로 목격했을 수도 있으니까요. 어른에게는 아무것도 아닐 수 있는 병아리의 죽음. 아이들에게는 세상이 무너지는 경험이었을지도 몰라요. 키우던 병아리가 죽은 아이들은 학교에

와서 그 소식을 상세하게 전해주곤 했어요. 그 일에 대해서 부모님이 어떻게 말씀하셨는지까지 이야기했지요. 저는 그 이야기를 통해서 부모님이 어떤 방식으로 아이에게 공감했는지를 파악할 수 있었습니다.

"선생님, 제 병아리가 죽었어요."
"정말 속상했겠네. 이제 막 정이 들려고 하는데 죽었구나. 많이 울었어?"
"조금요. 그런데 아빠가요, 원래 그런 거라고 뭐 그런 걸로 창피하게 우냐고 했어요."

한 아이가 운을 떼니 다른 아이들도 자기 부모님은 이렇게 말씀하셨다면서 여기저기서 이야기했어요.

"저희 부모님은 울 거 없다고 다른 병아리를 사준다고 했어요."
"저는 엄마한테 어차피 죽을 병아리를 왜 샀냐고 혼났어요."
"저는 엄마가 속상했냐고 하면서 안아주셨어요. 그리고 앞마당에서 함께 병아리를 묻었어요."

병아리의 죽음은 부모에게는 별일이 아니지만 아이가 겪는 상심은 이루 말할 수가 없어요. 부모에게는 아무 일도 아니지만 아이에게는 큰일. 이런 일이 생겼을 때 아이의 마음을 이해하고 세심하게 공감해주는 것이 바로 부모가 해야 할 일이에요. 앞서 병아리의 죽음 앞에서 부모님들의 반응이 다양하듯이 아이가 느끼는 감정을 공감하는 부모의 태도는 정말 다양해요.

> 아이에게 공감하는 다양한 유형의 부모

- "저희 부모님은 울 거 없다고 다른 병아리를 사준다고 했어요."
  → 다른 병아리를 사준다며 아이의 속상한 감정을 흘려버리면서 주의를 돌리는 부모

- "저는 엄마한테 어차피 죽을 병아리를 왜 샀냐고 혼났어요."
  → 어차피 죽을 병아리를 왜 샀냐며 아이의 속상한 마음을 무시하는 부모

- "저는 엄마가 속상했냐고 하면서 안아주셨어요. 그리고 앞마당에서 함께 병아리를 묻었어요."
  → 병아리 무덤까지 만들어주며 아이의 감정에 공감해주는 부모

이 중에서 가장 바람직하게 공감해주는 부모는 누구일까요? 제대로 공감해주는 부모는 아이의 속상함을 알아주면서 동시에 꼭 안아주는 부모예요. 다 큰 어른도 자신의 마음에 공감해주기를 원해요. 아마 어린아이들은 더 그럴 거예요. 남자아이들은 여자아이

들보다 정서 발달도 다소 느리고 감정 처리 방법도 단순해요. 자기 감정이 어떤지를 몰라 화내는 방식으로만 풀어버리기도 하지요. 그래서 남자아이들에게는 부모의 공감이 굉장히 중요해요. 충분히 공감받고 자라야 정서적으로 안정되어, 그것이 곧 공감력으로 연결되기 때문이에요.

아들의 마음을 온전히 공감해주려면 아들의 감정을 있는 그대로 받아주는 것이 중요해요. 설령 부정적인 감정이라도 말이지요. 아들이 "아, 짜증 나", "정말 싫어!"라고 말할 때 감정적으로 되받아치지 말고 "기분이 안 좋은가 보구나. 뭐 때문에 그래?"라고 물어봐주면 어떨까요? 그러면 몇몇 부모는 고개를 갸우뚱할 수도 있어요. 이렇게 하는 게 절대 쉽지 않거든요. 책을 읽을 때는 당연히 고개를 끄덕일 수도 있지만, 막상 그런 상황이 되면 서로 감정의 스파크가 일어나는 것은 어쩔 수 없으니까요.

여기서 부모가 꼭 짚고 넘어가야 할 것이 있어요. 아들의 짜증에 똑같이 짜증으로 대응하면 악순환이 반복된다는 사실이에요. 부모가 아들의 짜증과 화에 부드럽게 반응하는 바로 그 지점부터 악순환의 고리를 끊어낼 수 있어요. "짜증이 났구나", "많이 힘들었구나", "기분이 안 좋았구나"처럼 일단 감정을 받아준 다음, 왜 그런 기분인지 이유를 물어보고 나서, 자연스럽게 대화를 나누다 보면 아들에게도 자신의 마음을 들여다보는 힘이 시나브로 생길 거예요.

충분한 공감을 받고 자란 아들은 자신의 감정을 돌보는 데 한결 편안함을 느낍니다. 자신의 감정을 알아차리는 데서부터 타인에 대한 공감의 싹이 자라나지요. 아들의 공감력을 길러주기 위해서 부모가 먼저 충분히 공감해줘야 한다는 사실, 부모가 마음속에 꼭 담아둬야 할 첫 번째 과제인지도 모르겠습니다.

"속상했겠네."

아들에게는 부모의 공감이 필요해요. 겉으로는 괜찮아 보이는 일

들, 딸이라면 재잘재잘 이야기해줬겠지만, 자기감정도 잘 모르는

채 그냥 시무룩해 보이는 아들에게는 그 마음을 온전히 공감해주

는 일이 필요해요. 그래야 아들도 자기 마음을 돌보면서 감정을 알

아차릴 수 있고, 또 타인에게 공감할 수 있으니까요.

아들의 공감을 불러일으키는 구체성과 정확성

○ **초등 5학년 민우와 엄마의 대화**

엄마 민우야, 김치통 좀 꺼내줄래?

민우 김치통이요?

엄마 응.

민우 어디 있는데요?

엄마 어디 있긴! 냉장고에 있지.

민우 (냉장고 문을 열며) 엄마, 없어요.

엄마 왜 없어?

민우 (머리를 긁적이며) 엄마, 진짜 없어요.

엄마 (냉장고 문 앞에서 격앙된 목소리로) 없긴 왜 없어? 여기 있잖아!

민우 (우물쭈물하며) 그럼, 거기 있다고 하셨어야죠.

엄마 (화가 난 목소리로) 아휴….

어쩌면 이와 같은 상황을 한 번쯤 겪어본 적이 있을 거예요. 물건 하나 찾는 간단한 일도 그냥 이야기하면 못 알아듣는 아들. 어디에서 무언가를 갖다 달라고 이야기하면 "없는데요?"라고 눈을 동그랗게 뜨면서 진짜 없다는 표정으로 엄마를 보고 있는 아들. 그런 아들과 사랑스러운 눈빛을 교환하기는 어려워요. 그런데 그건 아들도 마찬가지예요. 아무리 찾아도 없는데, 엄마는 찾아내라고 하니 이게 뭔가 싶지요. 그러다가 엄마가 직접 등장해서 물건을 찾으면 아들은 이렇게 생각할 거예요. '처음부터 엄마가 찾지' 혹은 '처음부터 어디 있는지 구체적으로 이야기를 해주던가'라고 말이지요.

아들의 언어로 이야기하기

남자아이들도 스펙트럼이 다양해서 그렇지 않은 아이들이 있기는 하지만, 대부분 남자아이들에게는 최대한 구체적으로 정확하게 말해야 이야기가 통하는 때가 많아요. 냉장고에서 물건을 찾는 것처럼 대충 말해주면 아들의 눈에는 정말 아무것도 보이지 않거든요. 그래서 약간 수고스럽더라도 처음부터 구체적으로 조목 조목 일러주는 것이 나중에 화를 불러일으키지 않는 현명한 방법이에요. 부모가 아들의 방식으로 말한다면 아들은 부모로부터 공감을 받는다고 느낄 거예요. 부모에게 공감받고 자라야 다른 사람에게도 공감하는 태도가 생기기 때문에 아들의 언어로 이야기해주는 것은 정말 중요합니다.

"민우야, 냉장고 오른쪽 문을 열면 두 번째 칸 빨간 통 뒤쪽에 유리로 된 김치통이 있어."

이 정도면 민우가 알아들을 수도 있지만, 그렇지 않을 수도 있어요. 그래서 다음과 같이 조금 더 자세하게 말해주면 좋아요.

"민우야, 냉장고 오른쪽 문을 열면 위에서부터 두 번째 칸에 빨간 통이 있어. 그 통 뒤쪽을 보면 유리로 된 김치통이 있어."

두 번째 칸도 위에서부터인지 아래에서부터인지 헷갈릴 수 있거든요. 엄마는 당연히 김치통을 냉장고에 넣은 사람이니까 어디 있는지 알지만, 민우는 김치통에 대한 사전 정보가 전혀 없어서 자세한 정보를 줘야 찾아낼 수 있어요. 이렇게 아들에게는 김치통 하나를 찾는 것도 어려운 일입니다.

오스트리아·영국의 철학자 루트비히 비트겐슈타인Ludwig Wittgenstein

은 사람들이 언어 놀이를 한다고 이야기했어요. 사람마다 자라온 환경과 삶의 배경이 달라 인식의 차이가 있다고 하면서요. 그래서 똑같은 말을 하더라도 마치 외국어처럼 다르게 받아들일 수도 있다는 것이지요. 비트겐슈타인의 말처럼 우리는 언어 놀이를 하고 있는지도 모르겠어요. 서로 같은 말도 다른 뜻으로 이해할 수 있으니까요. 똑같은 어른이라면 서로 노력하면 돼요.

그런데 아들은 어떨까요? 아직 어려요. 어린 아들은 부모가 가르쳐야 하고 잘 길러내야 하는 소중한 존재예요. 그래서 부모는 아들에게 말할 때 아들이 이해할 수 있도록 조금 더 구체적으로 정확하게, 아들의 언어로 말하려고 최대한 노력하면 좋겠습니다.

"냉장고 오른쪽 문을 열고 위에서 둘째 칸 빨간 통 뒤에 있는 김치통 좀 꺼내줄래?"

아들에게 지시할 때는 최대한 구체적으로 정확하게 하세요. 부모만 알고 아들은 모르는 일이 많거든요. 으레 '이 정도면 알겠지…' 하는 마음으로 대충 말해주면 아들의 머릿속은 물음표로만 가득하겠지요. 부모가 아들의 언어로 말하며 공감받는 경험을 쌓아줄수록 아들은 공감할 줄 아는 어른으로 자라날 것입니다.

작은 생물과 함께 자라는
아들의 공감력

초등 3학년 민우는 또래 남자아이 중에서 친구를 잘 배려하는
축에 속해요. 친구에게 속상하거나 힘든 일이 생기면 기꺼이 다가
가서 "괜찮아?"라고 먼저 묻는 법을 아는 아이지요. 친구의 이야
기를 잘 들어주고 달래주는 민우. 그래서 민우를 좋아하는 친구도
참 많아요. 한번은 학급의 교우 관계를 파악하기 위해서 활동지에
'생일 파티에 초대하고 싶은 반 친구는?'이라는 문항을 넣어서 살
펴본 적이 있어요. 그 조사에서 반 아이들 거의 모두가 민우를 적
었지요. 남녀를 불문하고 인기 있는 친구로 등극한 민우. 친구들은
왜 민우를 생일 파티에 초대하고 싶었을까요? 이유를 살펴보니 다
음과 같았어요.

- 민우가 내 말을 잘 들어줘서
- 민우가 내 마음을 잘 알아줘서
- 민우가 착해서
- 민우가 연필도 잘 빌려주고 친절해서

민우는 정말 대단한 아이였어요. 아직 어린 초등 3학년, 게다가 남자아이인데도 친구의 마음을 잘 알아주고 경청할 줄도 알았으니까요. 그래서 민우를 조금 더 유심히 관찰했어요. 하지만 민우에게 그다지 특별한 점은 없었어요. 여느 아이들처럼 공부하고 뛰어노는 것은 똑같았거든요. 그런데 알고 보니 민우는 곤충 마니아였어요. 집에서 사슴벌레, 장수풍뎅이를 키우고 있더라고요. 그런 민우를 보면서 반려동물이 아이의 공감력 향상에 긍정적인 영향을 준다는 연구 결과가 떠올랐어요. 동시에 개나 고양이처럼 굳이 큰 동물이 아니더라도 민우처럼 작은 곤충을 기르는 일 역시 남자아이들의 공감력을 발달시키는 데 효과적이겠다는 생각이 들었지요. 남자아이들은 자기보다 작은 생명체를 돌볼 때 책임감을 느끼고 배려하는 행동을 자주 보이기 때문입니다.

무언가를 키우고 돌보는 경험의 중요성

민우를 보면서 반려동물과 공감력의 관계에 대해 고민하고 있을 때쯤 둘째가 학교에서 딸기 모종을 받아 집으로 가져왔어요. 방과 후 수업으로 생명 과학을 하는데, 선생님이 모종을 하나씩 나눠 주셨다고 하면서요. 딸기 모종을 잘 길러 가족들에게 맛있는 딸기를 선물하겠다고 하는 아이. 그러더니 갑자기 어디서 헌 옷을 가져와서는 딸기 모종을 둘둘 감싸는 것이었어요.

"왜 그런 거야?"
"딸기를 따뜻하게 해줘야 할 것 같아서요."

그러고 나서는 오카리나를 들고 오더니 딸기 모종 앞에서 연주했어요. 또 물어봤지요.

"오카리나는 왜 연주해?"
"선생님이 그러시는데 음악을 들으면 딸기가 더 잘 큰대요."

그런 아들을 보면서 씩 웃음이 나더라고요. 그냥 하고 싶은 대로 하게 뒀지요. 그런데 그날 저녁, 딸기에 관한 책을 읽다 보니 낮에 아이가 잘못한 게 있더라고요. 책에는 딸기를 따뜻하게 하면 안 된다고 나와 있었거든요. 그 내용을 읽자마자 재빨리 베란다로 뛰어나가 둘둘 감싼 헌 옷을 벗긴 아들. 안도의 한숨을 쉬며 한마디를 건네더군요.

"휴, 큰일 날 뻔했어요. 딸기가 더울 뻔했네…"

그날 저녁, 제 아들의 모습에서 민우의 모습이 겹쳐 보였어요. '민우도 사슴벌레를 키울 때, 장수풍뎅이를 돌볼 때 이런 마음이었겠구나'라는 생각이 들더라고요. 아이들의 모습을 보면서 작은 동물과 작은 식물을 돌보는 마음이 더할 나위 없이 멋지다는 사실을 깨달았습니다.

'나'가 아닌 '상대'의 관점에서 보는 연습

다른 사람이나 작은 생명체 등을 나의 관점이 아니라 상대의 관점에서 생각하고 이해하려는 마음은 아들이 세상을 바라보는 폭을 넓혀줘요. 정말 멋진 일이지요. 나보다 작은 곤충을 키우고 작은 식물을 돌보면서 남자아이들은 배려하는 마음을 배울 수 있어요. 친구들과는 달리 경쟁이 필요 없는 작은 생명체에게 오롯이 마음을 담아 무언가를 해줄 때 아들의 마음속에서는 분명 기쁨이 샘솟을 거예요. 그리고 작은 생명체에게 자신의 마음을 전해준 경험이 있는 아들은 분명 친구의 마음에 공감하는 데도 조금 더 편안함을 느낄 거예요. 자신의 관점뿐만 아니라 다른 사람의 관점에서 생각하는 아량을 갖게 되니까요.

"만약 아들이 반려동물을 기르고 싶어 한다면 너그러이 허락해 주실 수 있겠죠?"라는 질문에 흔쾌히 "네"라고 대답할 부모님은 아마 거의 없을 거예요. 저도 그렇거든요. 하지만 개나 고양이처럼 큰 반려동물은 아니더라도 민우가 그랬듯 장수풍뎅이, 사슴벌레처럼 작은 곤충을 키우는 일은 허락하면 어떨까요? 작은 곤충이 안 된다면 '반려식물' 기르기도 충분히 괜찮은 대안이 될 수 있고요.

아들에게 자기보다 약하거나 작은 생명체에게 마음을 쏟을 기회를 선물하면 어떨까요? 이런 기회는 분명, 아들의 마음이 한 뼘 더 자라나는 좋은 기회가 될 것입니다.

"금붕어가 배고프지 않을까?"

작은 생물을 키우는 일은 아들의 공감력을 키우는 데 많은 도움을 줘요. 아들이 자기보다 작은, 도움이 필요한 생물을 돌보면서 따뜻한 마음을 느낄 수 있거든요. 남자아이들에게 인기가 많은 생물 관련 방과 후 수업. 아들은 종종 집으로 소라게를 가져오기도, 금붕어를 가져오기도, 각종 곤충을 가져오기도 할 거예요. 부모에게는 아무리 작아도 생물을 키우는 일이 부담스러울 수 있지만, 정성 들여 돌보는 과정에서 아들은 공감력을 배울 수 있습니다. 그러기에 한 번쯤은 너그럽게 허락해주세요.

아들에게 가르쳐야 할
공감 대화법

　　남자아이와 여자아이는 확실히 달라요. 여자아이는 친구의 감정을 세심하게 살피고 공감하지만, 남자아이는 친구의 마음을 헤아리는 데 어려움을 느끼는 경우가 많지요. 2022년 영국 케임브리지대 산하 자폐연구센터의 연구팀이 57개국 30만 5,726명을 대상으로 공감지수를 측정한 결과, 36개국에서 여성이 남성보다 월등하게 높은 점수를 얻었어요. 21개국에서는 비슷하게 나타났고, 남성이 여성보다 높은 점수를 얻은 나라는 없었지요. 사실 이런 조사 결과가 아니더라도 우리는 경험적으로 남자아이들의 공감지수가 낮다는 사실을 잘 알고 있어요.

공감이 어려운 남자아이를 위한 특별한 질문법

선천적으로 공감에 약한 남자아이에게 여자아이처럼 다정한 공감을 요구할 수 있을까요? 물론 그럴 수 있지요. 하지만 너무 많이 기대하면 부모로서는 조금 실망할 수도 있어요. 아들과 함께 동화책을 읽거나, 혹은 친구와 있었던 일을 이야기해보면 남자아이들의 공감이 얼마나 단순한지 쉽게 알 수 있어요.

"그때 주인공은(친구는) 기분이 어땠을 것 같아?"

아들은 아마도 이렇게 대답할 거예요.

1번, "좋았을 것 같아요."
2번, "나빴을 것 같아요."

이도 저도 아니라면 하나가 남아 있어요.

3번, "잘 모르겠어요."

어쩌면 반 이상의 남자아이들이 3번이라고 대답할지도 모르겠어요. 생각조차 하기를 싫어하니까요. 남자아이들은 본능적으로 어떤 상황이나 문제를 해결하려는 속성이 있어요. 부부 싸움을 한

번 생각해보세요. 부부 싸움을 대하는 엄마와 아빠의 태도를요. 엄마는 공감을 원하는데, 아빠가 괜한 해결책을 내놓아서 싸움에 불을 지피는 경우가 많잖아요. 가령 엄마가 속상해서 푸념할 때 아빠가 "참 속상했겠다"라고 한마디만 해도 부부 싸움이 더는 커지지 않을 거예요. 하지만 아빠는 엄마의 속상함을 달래기보다는 왜 그런지 상황을 분석하고 해결하려는 마음이 커요. 그래서 이런 말이 나오기도 하지요. "당신이 이렇게 하면 되잖아." 그러다 보니 더 큰 싸움으로 번지기도 해요. 많은 가정에서 흔하게 일어나는 일이지요.

아들도 부부 싸움에서의 아빠와 똑같아요. 어떤 문제가 생기면 아들의 뇌는 속삭여요. '이 상황을 어떻게 해결해야 하는 거지?'라고요. 감정 이입은 그다음의 문제지요. 그래서 아들의 공감을 이끌어내려면 이렇게 물어보는 것이 좋습니다.

"그럼, 너라면 어떻게 했을까?"

감정보다는 해결에 끌리는 남자아이들에게 필요한 말이에요. 앞서 언급한 동화책의 상황이나 친구와 있었던 일을 떠올려보세요. "좋았을 것 같아요", "나빴을 것 같아요", "잘 모르겠어요"라고 대답하던 아들에게 "네가 그 사람이라면 어떻게 행동했을 것 같아?"라고 질문하면 곰곰이 생각하며 자기 생각을 술술 말할 가능성이 커져요. 기회가 될 때마다 이 질문을 아들에게 해보세요. 분명히 효과가 있을 거예요. 그런 다음, 자기 생각을 술술 말하는 아들에게 이런 질문을 던지면 좋아요.

"그럼, 그때 주인공(친구)의 기분이 어땠을 것 같아?"

이렇게 물어보면 아들은 조금 더 고차원적인 대답을 할 확률이 높아져요. 이미 생각해본 일에 감정을 입혀서 말할 수 있으니까요. 하지만 안타까운 사실이 하나 있어요. 이때도 아들의 대답은 앞에서 언급한 세 가지—좋다, 나쁘다, 잘 모르겠다—중 하나가 될 수 있다는 것이지요.

공감에도 다양한 감정 표현이 중요하다

남자아이들은 감정을 나타내는 말을 잘 쓰지 않아요. 감정을 나타내는 말이 굉장히 다양한데도 말이지요(233쪽 참고). 일상생활에서 다양한 감정 단어를 풍부하게 사용하기란 절대 쉽지 않은 일이에요. 어른들에게도 힘든데, 어린 아들은 오죽할까요. 그래서 아들에게 기분이나 감정을 물어볼 때는 객관식이 좋은 방법이 될 수 있어요.

"그래서 넌 속상했어, 아니면 당황스러웠어?"

이렇게 선택지를 주면 아들은 편안하게 자신의 감정에 대해 말할 수 있게 돼요. 그래서 아들에게 다양한 감정 단어를 알려주고, 각각의 단어가 어떤 감정을 나타내는지 설명하는 일은 굉장히 중요합니다. 감정을 명확하게 알아차리려면 그 속성을 말로 표현할 수 있어야 하거든요. 그렇게 말로써 표현이 가능해지면 아들도 서서히 자기감정을 능숙하게 내보일 수 있어요.

아들이 감정을 잘 표현할 수 있도록 조금씩 훈련시켜주세요. 공감력에 대해 '남자아이라서 더는 무리야'라고 지레짐작하여 포기하지 말고 '남자아이라서 교육이 더 필요해'라고 용기를 내면서 차근차근 가르쳐주세요. 그러면 어느 순간 능숙하게 공감하는 아들의 모습을 만날 수 있을 것입니다.

"주인공의 기분이 어땠을 것 같아?"

동화책을 읽는 시간은 공감력을 키워줄 수 있는 절호의 기회예요. 이야기를 읽으면서 주인공의 마음을 헤아려보고, 내가 만약 그 상황이라면 어떻게 행동할지 고민할 수 있거든요. 그런 과정에서 다른 사람의 마음을 헤아려주는 공감의 싹이 자라납니다. 동화책을 읽고 난 후에는 아들과 함께 주인공의 마음에 관해 이야기를 나눠보세요.

사회 정서 역량

나를 둘러싼 환경과 잘 지내는 힘

다른 사람과 관계를 맺고 그 관계를 긍정적으로 유지하는 데 필요한 사회 정서 역량. 아들에게 꼭 필요한 능력이지만 길러주기가 쉽지 않아요. 아들이 갈등 상황에 직면했을 때 스스로 해결할 기회도 줘야 하고, 넘지 말아야 할 선을 가르쳐야 하며, 해야 할 일도 꼼꼼하게 알려줘야 하는 등 생각보다 시간과 노력이 많이 드는 과정이라서요. 아들과 나눠야 할 대화도 많고요. 그럼에도 부모가 최대한 노력을 기울인다면 아들은 다른 사람들과 원만하게 지내는 법을 배우고, 어른이 되어 멋지게 사회 안에 녹아드는 사람이 될 것입니다.

'~하지 않기' 목록이
가진 힘

> **알림장**
>
> 1. 수학 익힘 풀어오기
> _____
> 2. 수채 도구 가져오기
> _____
> 3. 친구에게 욕하지 않기
> _____
> 4. 복도에서 뛰지 않기
> _____
> 5. 화장실에서 친구에게 물 뿌리지 않기

초등 3학년 민우 엄마는 알림장을 보면서 의아해요. 알림장에
아이가 교실에서 하지 말아야 하는 행동이 늘 한두 개 정도 쓰여

있어서요. 그런데, 어느 날 살펴보니 여러 개가 쓰여 있었지요. 그렇게 행동하는 아이들이 많으니까 선생님이 알림장에 쓰라고 하신 것 같긴 한데, '혹시 민우도 그러나?' 하는 생각이 문득 들었어요. 그래서 궁금한 마음에 민우에게 물었습니다.

"민우야, 너 혹시 오늘 학교에서 친구한테 욕했어?"

"아뇨."

"복도에서 뛰어다니거나 화장실에서 친구에게 물 뿌리지는 않았지?"

"네, 안 그랬어요."

민우의 대답을 들은 엄마는 "휴~" 하고 안도의 한숨을 내쉬었어요. 민우가 아니어서 다행이라고 생각하면서요.

제한되는 행동을 설정한다

학교에서 담임 선생님이 학급 아이들에게 알림장에 쓰라고 하는 '~하지 않기'는 아이의 사회성 발달에 중요한 힌트가 돼요. 학교에서 허용되지 않는 행동, 친구에게 해서는 안 되는 행동을 정확하게 알려주기 때문이지요. 아이의 알림장에 쓰인 내용으로 가정에서는 연계 교육의 기회를 가질 수 있어요. 그렇다면 담임 선생님이 아이들 알림장에 단골로 쓰라고 하는 '~하지 않기'의 내용으로는 무엇이 있을까요? 자주 등장하는 내용을 알고 있으면 알림장에 쓰여 있지 않은 날이라도 아이에게 꾸준히 교육해줄 수 있어요. 그 내용은 다음과 같습니다.

> 알림장에 자주 등장하는 '~하지 않기'

- 공부 시간에 떠들지 않기
- 다른 아이 지적하지 않기
- 불필요하게 친구를 건드리지 않기
- 물건 던지지 않기
- 화내며 소리 지르지 않기
- 복도에서 뛰지 않기
- 운동할 때 규칙을 어기지 않기
- 다른 사람이 말할 때 끊지 않기
- 대화할 때 큰 소리로 말하지 않기
- 욕하지 않기(초등 3~6학년)
- 부모님 욕하지 않기(초등 5~6학년)

사회 정서 역량의 기본은 선을 넘지 않는 거예요. 사회에는 사람들이 서로를 건드리지 않기로 약속한 적정한 선이 있어요. 아이들이 학교에서 배우는 법, 예절, 도덕이 바로 지켜야 하는 선이지요. 법은 남에게 피해를 주는 행동을 금지하기 위한 강제 규범이에요. 예절은 사회 구성원끼리 원만하게 살아가기 위해 지켜야 하는 관습이고요. 도덕은 개인의 양심으로 판단하는 자율적인 규범이지요. 예절이나 도덕과는 달리 법은 지키지 않으면 개인의 자유가 공권력에 의해서 제한을 받아요. 법은 사람들이 지켜야 할 최소한의 선이거든요. 도로의 중앙선처럼 넘어서는 안 되는 선인 셈이에요. 아들이 자라서 법을 잘 지키는 어른이 되도록 도와주려면 학교에서도 하지 말아야 하는 행동을 잘 지킬 수 있도록 교육하는 것이 중요합니다.

하지만 안타깝게도 교실에서 남자아이들은 선을 자주 넘어요. 자기감정에 너무 충실한(?) 나머지 소리를 지르면서 이야기하고, 세게 보이고 싶어서 혹은 상대를 위협하고 싶어서 욕하기도 하고, 운동할 때 승부욕이 너무 큰 나머지 규칙을 따르지 않기도 하고, 넘쳐나는 에너지를 어쩌지 못해 복도에서 뛰어다니기도 하지요. 그래서 아들을 키우는 부모는 알림장을 마주할 때마다 가슴이 덜컥 내려앉기도 해요. '혹시 우리 아이가 그런 건 아닐까?' 하는 생각이 들기 때문이지요.

상황을 생각하면서 대화한다

아들의 사회 정서 역량을 제대로 키워주려면 아들과의 대화 시뮬레이션은 필수예요. 그래야 특정 상황을 맞닥뜨렸을 때 조금이라도 더 행동을 조심할 수 있거든요. 아들이 알림장에 '~하지 않기' 목록을 써오면 이어지는 내용을 참고해 대화를 나눠보세요.

"민우야, 너 복도에서 뛰어다니지 않았지?"(×)

그러면 아들은 설령 자기가 뛰어다녔어도 안 그랬다고 말해요. 집에서까지 혼나기는 싫거든요. 그래서 이렇게 대화를 시작하는 것이 좋습니다.

"민우야, '복도에서 뛰지 않기'가 알림장에 쓰여 있던데, 왜 복도에서 뛰면 안 될까?"(○)

금지된 행동에는 반드시 이유가 있어요. 아이와 대화하면서 그 이유를 살펴보는 것이 중요합니다. 그래야 같은 상황이 되었을 때 한 번이라도 다시 생각해볼 수 있으니까요. 담임 선생님이 알림장에 쓰라고 하는 '~하지 않기' 목록은 가정 교육을 하기에 좋은 주제예요. 아이가 알림장을 써올 때마다 함께 이야기를 나눠보면 좋겠습니다.

"왜 그런 행동은 하면 안 될까?"

남자아이들은 종종 하지 말아야 하는 행동을 해요. 그런데 만약 그런 행동이 반복된다면 친구들로부터 경계 대상이 될 수 있지요. 아들과 함께 '하지 말아야 하는 행동'에 대해 이야기를 나눠보고, 더나아가 그 이유도 구체적으로 생각해보세요. 그래야 나중에 어떤 상황에 맞닥뜨렸을 때 조금이라도 더 조심할 수 있을 테니까요.

친구들과 진짜로
잘 지낸다는 것

"선생님, 아이한테 스마트폰을 최신형으로 사줘야 할까요?"

"왜요, 어머님?"

"아이들 노는 걸 보니까 최신형 스마트폰을 가진 아이가 인싸인 것 같아서요."

"아, 그런 이유 때문에요?"

"네. 중학생이 되면 브랜드 옷도 사줘야 할 것 같은데, 일단은 스마트폰이라도 좋은 걸 사줘야 아이들 사이에서 잘 지낼 수 있을 것 같아요."

어느 날, 상담에서 만난 초등 2학년 민우 어머니. 민우가 친구들 사이에서 최신형 스마트폰을 가진 아이가 인기가 많다며 시무룩하게 이야기했다고 하시더군요. 그래서 민우에게 스펙이 좋은 스마트폰을 사줘야 할지 고민이라고 하셨지요. 그러면 아이들과 놀 때도 자신감을 갖고, 친구들과 게임을 할 때도 더 잘할 수 있을 거라고 하시면서요. 저는 민우 어머니의 이야기를 듣고 의아한 생각이 들었어요. 요즘 부모님들은 스마트폰을 되도록 늦게 사주고 싶어 하거든요. 사람마다 생각은 다르겠지만, 단지 친구들 앞에서 우쭐하게 해주고 싶은 이유라면 스마트폰을 사주는 것이 바람직하지 않을 수도 있겠다는 생각이 들었어요. 저는 민우 어머니와 상담하면서 다음과 같이 두 가지 질문을 했습니다.

"지금이야 스마트폰이지만 학년이 올라갈수록 아이가 갖고 싶은 물건의 액수도 올라갈 텐데 그런 감당이 가능할까요?"
"또래 집단에서 인싸가 되는 게 물론 중요할 수도 있지만, 또래 집단에서 꼭 인싸가 되어야만 할까요?"

진짜 인기 vs. 가짜 인기

내 아들이 친구들 사이에서 인정받고, 또 잘 지내기를 바라는 마음은 부모라면 누구나 똑같아요. 그런데 여기서 무엇으로 인정받느냐를 잘 따져봐야 하지요. 친구들을 배려해서, 친구들에게 상냥하게 대해서, 운동을 잘해서, 공부를 잘해서… 한 아이가 또래들 사이에서 인정받고 인기를 얻는 이유는 대부분 아이가 가진 내면의 힘 때문이에요. 그리고 내면의 힘 외에 인기를 좌우하는 요인이 있지요. 잘 생겨서, 키가 커서 등 외모의 힘이 바로 그것이에요.

만약 친구들이 우리 아이를 좋아하는 이유가 좋은 스마트폰, 좋은 브랜드 옷, 좋은 가방, 좋은 장난감이라면 부모는 계속 '좋은 것'들을 해주기 위해 많이 힘들지도 몰라요. 그리고 그렇게 하는 일은 앞서 역경지수에서 이야기한 것처럼 아이에게 적당한 결핍을 주는 것과는 정반대의 태도예요. 아이가 물질에 휘둘리면서 살아가는 토대를 만드는 셈이니까요. 운이 좋아서 다 해줄 수 있으면 좋겠지만, 그렇지 못하면 아이는 흔들리고 좌절하게 돼요.

또 한 가지, 사실 물질로 얻는 인기는 진짜 인기가 아니에요. 아이들은 각자 자기 마음속의 부러움이나 갈망을 물질을 가진 아이에게 투사하는 것뿐이니까요. 그래서 물질로 만들어진 가짜 인기는 그 물질이 사라지는 순간 허물어지는 모래성과 같아요. 단 한 번의 파도에 휩쓸리는 아주 위태로운 것이지요. 물론 아들이 친구들 사이에서 인기가 많으면 좋겠지만, 그 인기가 진짜인지 가짜인지를 부모는 반드시 세심하게 살펴봐야 합니다.

인싸 되기보다 더 중요한 선 긋기

대부분 부모는 사회 정서 역량이라고 하면 사회성을 떠올려요.

그리고 사회성을 다른 사람들과 두루두루 친하게 지내는 사교성과 같다고 생각하는 경우가 많지요. 물론 사교성은 사회성의 한 부분이지만, 사회성은 사교성보다는 의미가 훨씬 넓은 개념이에요. 사회성은 규칙을 지키며 다른 사람들과 조화롭게 살아가는 것을 포함하거든요. 그래서 사교성이 다소 떨어지는 아이라도 사회성은 충분히 좋을 수도 있어요.

그런데도 '내 아이가 인싸가 되었으면 좋겠다'라고 바라는 부모님들이 참 많아요. 아무래도 내 아이가 모든 친구와 잘 지냈으면 하는 것이 솔직한 부모 마음이니까요. 사실 친구들과 두루두루 친하게 지내고 인싸가 되는 건 아이에게는 쉽지 않은 일이에요. 학교생활을 하면서 자기와 마음이 맞는 친구가 몇 명이라도 있고, 그 외의 친구들과 척지지 않고 모나게만 지내지 않아도 대단한 거니까요. 그러므로 부모가 욕심을 내려놓고 사회성의 기준을 조금 낮출 필요가 있어요. '그래, 이 정도만 해도 잘하고 있는 거야'라고 안심하는 태도가 필요하다는 거예요.

내 아이가 모든 아이와 다 잘 지내지 않아도 괜찮다고 생각하세요. 오히려 다른 아이를 괴롭히고 욕하는 친구와는 적당하게 선을 긋고 거리를 둬야 해요. 물론 "그 아이는 참 나쁘다"라고 단정 짓고 바로 거리를 두라고 말할 수도 있지만, "저런 행동은 다른 아이들에게 피해를 주는 행동이야"라고 말해주는 것도 필요해요. 그래야 아이도 행동의 기준을 세워 그런 친구들과 어울릴지 그렇지 않을지 판단할 수 있거든요. 특히 남자아이들의 경우에는 당장 재미있고 세 보이는 행동에 끌리는 경우가 많아요. 동네 놀이터에만 가도 그런 아이들을 만날 수 있지요. 거친 욕을 하면서 센 척하는 아이 말이에요. 그럴 때 아들에게는 올바른 판단의 기준이 있어야 합니다. 평소에 '친구와는 사이좋게 지내야 해'라는 말만 기억하는 아이라면 친구가 하니까 사이좋게 나쁜 행동을 할 수도 있기 때문이지요.

모든 아이와 어울리지 않아도 괜찮아요. 친한 친구 한두 명만 있어도 학교에서 즐겁게 생활할 수 있으니까요. 부모는 아이에게 되도록 많은 수의 친구들과 어울리게 해주기 위해 좋은 물건을 사주고, 친구들의 안 좋은 행동까지 똑같이 따라 하라고 가르칠 필요가 없어요. 친구들과 어울리는 일도 중요하지만, 더 중요한 것은 선을 넘지 않는 거예요. 그래서 어울림도 어느 정도 기준을 가지고 아이 스스로 그 기준을 잘 따르도록 가르쳐야 해요. 특히, 아들이 놀이터나 운동장에서 자기보다 높은 학년 중에 욕하고 안 좋은 행동을 하는 아이들과 어울리는 일은 삼가도록 해주세요. 상급 학년 아이들에게서 보고 배우는 나쁜 일은 같은 학년 아이들의 나쁜 행동보다 강도가 세기 때문입니다.

"그건 나쁜 행동이야."

아들의 친구 중에 나쁜 행동을 하는 아이를 보면서 그 아이 자체가

나쁘다고 말하기는 모호해요. 하지만 나쁜 행동을 콕 집어서는 이

야기할 수 있어요. "그런 행동은 나쁜 행동이니 따라 하지 말아야

한다", "때에 따라서는 그런 행동을 하는 친구와 놀기 싫으면 거리

를 둬도 괜찮다"라는 이야기는 해줘도 되지요.

갈등을 직접
해결할 기회를 준다

초등 4학년인 민우와 승열이가 쉬는 시간에 싸웠어요. 민우가 먼저 승열이에게 돼지 같다고 놀렸고, 그 말은 들은 승열이가 화가 나서 손으로 민우의 가슴팍을 밀쳤지요. 민우는 엉엉 울었어요. 서로 화해하고 하교하긴 했는데, 그래도 집에는 알려야 할 것 같아, 담임 선생님은 두 아이의 부모님들에게 전화를 걸었어요. 전화로 자초지종을 설명하던 때, 민우 엄마가 선생님에게 이야기해요.

"선생님, 저는 이 일 그냥 못 넘어가요. 학교폭력대책위원회 열어주세요."

"네, 알겠습니다."

선생님은 알겠다는 말밖에는 달리 할 말이 없었어요. 학교폭력대책위원회까지 갈 일은 아니라고 하면 폭력을 은폐하고 가해자를 옹호한다며 민원 폭탄이 쏟아질 게 뻔하니까요. 그래서 요즘 학교에서는 아이들 사이에 사소한 갈등이 생겨 중재하더라도 부모님에게 "학교폭력대책위원회를 개최할 수 있습니다"라고 전달해요. 매뉴얼부터 그렇게 되어 있지요. 일단 민우 엄마의 학폭위 개최 요청을 받고 승열이 엄마에게 전화해서 사안을 이야기해요. 가만히 듣고 있던 승열이 엄마가 선생님에게 물어요.

"선생님, 승열이가 민우가 가만히 있는데 때렸나요, 아니면 민우가 뭐라고 했나요?"

"민우가 먼저 승열이한테 돼지 같다고 놀렸어요."

"선생님, 그럼 저도 언어 폭력으로 학교폭력대책위원회 개최할 게요."

"네, 알겠습니다."

그렇게 승열이 어머니도 학교폭력대책위원회 개최를 원했어요. 이른바 '맞학폭'이 일어나는 교실은 시시비비의 장소가 되어버려요. 아이들과 부모님으로부터 '확인서'를 받고 교육지원청의 학교폭력대책위원회 개최까지 기다리는 시간. 민우와 승열이는 서로 언제 그랬냐는 듯 교실에서 장난을 치고 놀아요. 집에서는 학교에 가면 그 친구와 놀지 말라고 신신당부를 하지만, 교실에서 노는 게 재미있는 아이들은 어쩔 수가 없어요. 집에 가는 길에만 '엄마가 보고 있나?'라면서 신경을 쓸 뿐이지요. 학폭위가 열리면 부모님은 서로 앙숙이 되지만 아이들은 대부분 사소한 해프닝으로 생각하며 잘 지내는 모습을 학교에서는 자주 목격할 수 있어요.

학교 폭력과 일상 갈등의 경계 구분하기

요즘 아이들은 갈등 해결 능력이 취약해요. 조그만 갈등조차 부모가 대신 해결해주는 경우가 많거든요. 그리고 '같이 장난을 치더라도 상대방이 기분 나쁘면 학교 폭력'이라는 인식이 있어요. 물론 폭력에 저항하고 폭력에 대한 민감성을 기르는 데는 괜찮은 말이에요. 그런데 '기분이 나쁘다'는 상대적인 차이가 있어서 기분이 나쁘다고 주장하는 것만으로도 학교 폭력이 될 수 있다는 사실이 안타까워요. 친구들끼리 같이 잘 놀다가도 조금 기분이 나쁘면 "너 117에 신고할 거야"라고 말하는 것이 일상이 되었거든요.

이런 상황에서 가장 안타까운 점은 학교 폭력과 일상적인 갈등의 경계가 모호하다는 거예요. 사실 '피해를 봤다'라는 느낌만으로도 학교 폭력으로 신고할 수 있어서 모든 갈등이 학교 폭력이 될 수가 있어요. 실제로 많은 부모가 조그만 일도 학교 폭력으로 신고하기에 교실에서 중재가 이뤄지기는 어려워요. 학교 폭력으로 신고하고 학교폭력대책위원회 개최를 요청하는 순간, 학교에서 할 수 있는 일은 조사해서 그 내용을 교육지원청으로 제출하는 것뿐이거든요. 그래서 아들이 친구와 갈등이 생긴다면 그것이 학교 폭력의 범주인지, 아니면 일상적인 갈등이라서 아이들끼리 해결이 가능한지 한 번쯤은 고민해볼 필요가 있습니다.

앞선 민우와 승열이의 사례처럼 아이들끼리 다툰 일이 일상적인 갈등에 속한다고 판단되면 학교폭력대책위원회 개최까지는 요구하지 않는 게 좋아요. 아이들끼리 갈등을 해결하고 다시 잘 놀 수 있다면 그런 절차가 필요 없으니까요. 학교폭력대책위원회나 고소 같은 행위는 정말 비상식적인 아이를 만났을 때, 혹은 하다 하다 안 될 때 하는 것으로 최후의 보루로 남겨두세요.

아들의 갈등은 아들이 직접 해결할 수 있도록 여지를 남겨두면 좋겠습니다. 아들은 어른이 되어서도 수많은 갈등 상황에 봉착할 테고, 그때마다 부모가 나서서 해결해줄 수는 없으니까요. 아들도 스스로 갈등을 해결하고 정리하는 과정을 연습해봐야 나중에 어른이 되어서도 갈등 상황에서 당황하지 않을 수 있어요. 모든 상황이 그런 건 아니지만, 아들의 갈등은 아들이 직접 해결할 수 있도록 기회를 주는 것이 부모로서 가질 수 있는 현명한 태도입니다.

"친구랑 둘이서 잘 해결해봐."

아들에게는 갈등을 해결할 힘이 필요해요. 어른이 되면 지금보다 훨씬 더 많은 갈등 상황을 만날 테니까요. 그런데 갈등 상황마다 사사건건 부모가 개입해서 대신 해결하려고 하면 아들에게는 그런 힘이 생길 수가 없어요. 스스로 갈등을 해결해본 아이만이 어른이 되어서도 현명한 대처를 할 수 있지요. 갈등의 순간, 아들에게 직접 해결할 기회를 꼭 주세요.

상대방의 의도를
적대적으로 해석하지 않는다

○ **초등 2학년 교실, 민우와 승열이의 실랑이**

민우 야, 너 왜 나 째려봐?

승열 안 째려봤어.

민우 째려봤잖아.

승열 안 째려봤다니까?

민우 선생님, 승열이가 저 째려봤어요.

선생님 …. (말없이 출동)

쉬는 시간에 작은 소동이 일어났어요. 민우는 승열이가 째려봤다고 하고, 승열이는 민우가 째려봤다고 했지요. 선생님이 중재를 해주려고 노력했지만 팽팽한 아이들의 주장. 그래서 선생님은 옆에 있던 친구들에게 물었어요. 목격한 아이들은 별일이 없었다고 말했지요. 추론해보면 민우가 승열이의 눈빛을 확대 해석한 상황. 종종 교실에서 민우처럼 친구의 말이나 행동을 확대 해석해서 공격받았다고 주장하는 남자아이들을 볼 수 있어요. 타인의 의도를 적대적으로 해석해 수용하는 아이들. 여자아이들도 적대적인 해석을 하지만, 그럴 때 여자아이들은 다른 사람들이 눈치채지 못하게 은밀하게 공격해요. 반면에 남자아이들은 커다란 목소리로 그 자리에서 공격적인 행동을 보이지요. 둘 다 문제지만 남자아이들의 행동이 더 두드러지는 이유예요. 그래서 간혹 시비가 붙고 싸움이 일어나 일이 크게 번질 때가 있어요.

뉴스에서 나오는 사례들 있잖아요. 서로 처다봤다고 시비가 붙는 어른들. 이와 비슷한 일이 교실에서도 일어나는 거예요. 다행히 교실에는 현명한 중재를 도와줄 선생님과 친구들이 있지만, 그냥 다른 사람이 나에게 적대적이라는 생각을 하면서 자라면 아들은 어쩌면 별일이 아닌 것으로 싸우는 어른이 될지도 몰라요. 그러므로 부모는 아들이 타인의 의도를 곡해해서 적대적으로 해석하지 않도록 조력해줘야 합니다.

조망 수용 능력이 중요한 이유

누군가의 말과 행동을 왜곡하지 않고 해석하기 위해서는 다른 사람의 관점에서 사건을 바라보는 조망 수용 능력이 필요해요. 조망 수용 능력을 기르려면 일단 타인의 의도를 조망할 수 있어야 하지요. 사실 사람은 순수하게 타인의 의도를 파악하기가 어려워요. '나'라는 렌즈로 타인을 바라보기 때문이에요. 승열이는 그냥 쳐다봤을 뿐인데 민우가 '째려봤다'라고 주장하는 것처럼 말이지요. 화가 나고 자존감이 떨어진 민우는 자신의 감정을 승열이의 행동에 투사해서 해석하는 실수를 범해요. 어른들도 그렇잖아요. 부부 싸움을 하거나 아이와 실랑이를 해서 화가 나 있을 때 누군가 평소처럼 건넨 말이 짜증 섞인 말로 들리기도 하는 것처럼 투사는 타인의 의도를 왜곡시키는 가장 강력한 걸림돌입니다.

제일 중요한 것은 자신의 상태를 파악하는 거예요. 감정의 메타인지가 필요한 셈이지요. 내 마음의 상태를 알아차리고 다른 사람의 말과 행동을 왜곡된 렌즈로 바라볼 수도 있다는 사실을 깨달아야 타인의 의도를 제대로 파악할 수 있어요. 가정에서 차근차근 대화하면서 교육이 필요한 이유예요.

"학교에서 승열이가 째려봤다면서? 그때 기분이 어땠어?"
"짜증이 났어요. 가만히 있는데 째려보잖아요. 짜증이 많이 났죠."
"애고, 속상했겠구나. 그래, 째려보면 짜증이 날 수도 있지."

"그런데 혹시 승열이가 째려보기 전에 짜증 나는 일은 없었어?"

"사실 오늘은 다 짜증이에요. 승열이가 째려보기 전에 젠가를 했거든요. 분명히 제가 이겼는데 친구들이 제가 다른 걸 쳤다고 이긴 게 아니라고 해서 화가 났었어요."

"그럼, 그 일이 있고 나서 일어나 걸어가고 있는데 승열이가 째려본 거야?"

"네."

"어떻게 째려봤어? 이렇게 흘겨봤어?"

"그건 아니고 똑바로 째려봤어요."

"그래? 똑바로 본 건 째려본 게 아닐 수도 있겠는데?"

"그래도 째려본 건 째려본 거죠."

"혹시… 네가 기분이 안 좋아서 그렇게 보인 건 아닐까? 사람이 그럴 때도 있잖아. 승열이도 다른 아이랑 놀다가 너를 본 거고… 째려볼 만한 상황은 아닌 것 같은데?"

"그런데 진짜로 그런 느낌이 들었단 말이에요."

"그래, 잘 얘기했어. 네 느낌인 거지. 느낌은 내가 느끼는 거니까 내가 화가 나 있을 때는 그렇게 느낄 수도 있는 거야."

아들이 상대방의 의도를 적대적으로 해석한다면 부모가 아들에게 한 발자국 떨어져서 상황을 바라보는 기회를 제공해주면 어떨까요? 그럴수록 아들은 조금 더 마음 편하게 다른 사람을 대하고 조금 더 부드럽게 사회생활을 하는 사람이 될 수 있을 것입니다.

"그건 단지 네 느낌일 수 있어."

친구의 의도를 적대적으로 해석하는 아들. 내가 기분이 나쁠 때 다른 사람의 의도를 왜곡할 가능성이 큰데, 그럴 때 갈등이 생기기도 해요. 아들이 타인의 의도를 있는 그대로 받아들일 수 있도록, 그래서 친구들 사이에서 멋지고 부드러운 아이가 될 수 있도록 조망 수용 능력을 키워주면 좋겠습니다. 아들에게 갈등 상황에 대해 생각하면서 복기할 기회를 선물해주세요.

표현으로 업그레이드하는
사회 정서 역량

생일 하루 전날을 맞이한 초등 5학년 민우 엄마. 생일 전날인데도 가족 중 그 누구도 말이 없어서 '아침에는 서프라이즈가 있겠지?' 하고 잠이 들었어요. 일어나자마자 혹시나 하는 마음으로 부엌에 가봤더니 역시나 미역국 같은 것은 찾아볼 수 없는 여느 날과 같은 아침. '생일을 축하한다는 말이라도 한마디 들어볼 수 있을까?'라고 생각하면서 아침을 준비했지요. 아빠는 밥을 먹으면서 눈 한 번 안 마주치더니 후다닥 출근하고, 민우도 밥을 빨리 먹더니 "다녀오겠습니다"라고 한마디를 하고 학교로 향해요. 생일날 아침인데 기분이 별로인 민우 엄마. 그래도 희망의 끈을 놓지는 않았어요. 저녁에는 뭔가 이벤트가 있지 않을까 기대했지요. 드디어 가족이 모두 모이는 저녁 시간. 아빠의 손에는 꽃다발과 케이크가,

아들의 손에는 예쁘게 포장한 선물과 편지가 들려 있었다면 얼마나 좋았을까요? 그런 것들은 하나도 없는 저녁 시간. 심지어 아빠와 민우 모두 엄마의 생일인지 모르고 지나갔어요. 민우 엄마는 속상한 마음을 안고 하루를 마무리했지요.

표현을 따로 가르쳐야 하는 남자아이들

보통 남자아이들은 특별한 날 무언가를 하는 일에 둔감해요. 초등학생 때는 그나마 학교에서 어버이날마다 편지를 쓰라고 하니까 특별하게 마음을 표현하곤 했는데, 그 외의 날에는 뭔가를 챙기는 게 별로 없어요. 여자아이들은 아기자기하게 선물을 준비하고 편지를 쓰기도 하는데, 남자아이들은 어쩐지 특별한 날에도 심드렁해요. 물론 개인마다 차이는 있겠지만, 대부분 남자아이들은 관계를 지속해서 가꿔나가기 위해 별도로 노력을 기울이지 않아요. 그래서 부모님들이(특히, 엄마가) 종종 실망하기도 하지요. 초등학교까지는 그렇게 지내다 중학생이 되면 어버이날조차도 안 챙기는 아들. 중학교 때부터는 어버이날에도 학교에서 편지를 쓰지 않거든요. 사실 중학교부터는 아들에게 선물이나 편지를 받는 일이 아예 없는 집도 부지기수예요. 표현도 따로 가르치지 않으면 아들로부터는 아무것도 기대할 수 없는 이유입니다.

특별한 날을 챙기고 마음을 표현하는 것도 어릴 때부터 훈련을 시킬 필요가 있어요. 훈련을 시켜서 인위적으로라도 챙기게 해야 그것이 내면화되어 주변 사람들을 챙기는 세심한 어른으로 성장할 수 있거든요. 엄마 생일이라면 아빠가 넌지시 "엄마 생일이잖아. 우리 같이 뭘 준비할까?"라고 물어보면서 챙기는 연습, 아빠 생일이라면 반대로 엄마가 아들에게 물어보면서 챙기는 연습. 어버이날은 "곧 어버이날인데 혹시 준비했니?"라고 물어보며 엎드려서 절 받기 같지만 챙기는 연습을 하도록 도와줘야 아들도 특별한 날은 챙겨야 한다는 사실을 체득할 수 있어요. 저절로 잘 챙기는 일은 아들의 일이 아니에요. 그러니 미리미리 가르쳐주세요.

"고맙습니다"는 일기를 통해서 교육하기

요즘 아이들을 살펴보면 왠지 표현에 인색해요. 풍족하게 자라서 그런 건지, 부모는 물론 조부모, 외조부모, 삼촌, 외삼촌, 고모, 이모 등 가족들로부터 세심하게 챙김을 받기 때문인지, 무엇 하나를 받아도 당연하게 받고, 고마운 마음이 전혀 없는 것처럼 보이는 아이들… 그래서 "고맙습니다"라고 인사하는 아이를 만나면 정말 달라 보여요. 마치 군계일학처럼요. 교실은 어쩌면 표현 부재의 장소가 아닌가 싶어요. 누구나 그렇게 말하지 않으니까 그게 당연하다고 생각할 수도 있지만, 장차 사회의 일원이 되어야 하기에 아이들은 표현하는 방법을 배워야 해요. 고마운 일에는 고맙다, 미안한 일에는 미안하다, 이렇게 이야기할 수 있어야 다른 사람들과 인간미를 느끼면서 지낼 수 있을 테니까요.

표현하라고 말해서 아이들이 잘 표현하면 좋겠지만, 사실 그게 잘되지는 않아요. 그래서 말 한마디를 표현하는 일에도 교육이 필요해요. 특히 "고맙습니다"라는 표현은 평소 일기를 쓸 때 가르치면 정말 효과적이에요. 보통 일기를 쓸 때는 그날 있었던 일에 집중하는데, 일주일에 한두 번 정도 '고마웠던 일'에 대해서, 그리고 그런 마음을 '표현했던 일'에 대해서 생각하고 기록하면 아이들에게 정말 큰 도움이 되거든요. 아이들 일기는 '오늘도 좋은 하루였다'로 많이 끝나잖아요. 그 문장을 '오늘도 ○○에게 고마웠다'로 바꿔 쓰게 한다면 하루를 지내면서 고마운 일에 대해 한 번쯤 더 생각하고 표현할 수 있는 아이로 자라날 것입니다.

"미안합니다"는 일상 속에서 이야기하기

살다 보면 미안한 일이 참 많아요. 그런데 요즘 아이들은 늘 사과받기는 원하지만 사과하는 데는 인색해요. 잘못을 인정하는 용기가 부족하기도 하고, 설령 인정하는 마음이 있더라도 먼저 사과하게 되면 혹시 학교폭력대책위원회가 개최될 경우 불리해진다고 생각하기 때문이기도 해요. 교실에서 아이들이 노는 모습을 살펴보다 보면 이런 대화를 들을 수 있어요.

"야, 네가 내 발 밟았잖아. 빨리 사과해."

"안 밟았는데?"

"네가 밟고 지나가서 실내화가 이렇게 까매졌잖아. 그리고 발도 아팠단 말이야."

"응. 미안해."

미안함을 표현해야 하는데, 아이들은 쭈뼛쭈뼛 주저해요. 멋쩍기도 하고, 잘못을 인정하고 싶어 하지 않거든요. 때로는 자신이 미안함을 표현해야 한다는 사실을 모르는 아이도 있어요. 친구 발을 밟아서 친구가 아팠는데도 그냥 갈 길을 간 것뿐이라고 말하는 아이도 있으니까요. 그래서 가정에서 생활하면서 아이가 미안함을 표현해야 할 때는 기꺼이 그렇게 할 수 있도록 신경을 쓰면서 가르쳐줘야 해요. 미안한 상황, 고마운 상황에서 표현하지 않는다면 미안한 이유, 고마운 이유를 이야기해주고 표현하도록 이끌어주는 일도 필요하지요. 그래야 친구들과 무리 없이 잘 지낼 수 있기 때문이에요.

친구들이 좋아하는 행동하기

또래 집단에서 호감을 얻는 아이들의 특징은 좋은 행동을 한다는 거예요. 초등학생들도 까칠하고 아무렇게나 행동하는 친구보다는 친절하고 상냥한 친구를 좋아하거든요. 종종 학급에서는 아이들의 상호 작용과 사회성을 측정하기 위해 질문이나 활동 과정을 통해서 아이들의 관계를 도표로 나타낸 소시오그램을 활용해요. 소시오그램을 작성하는 과정에서 아이들이 호감을 얻는 이유를 확인할 수 있는데, 축구를 잘하고, 공부를 잘하고, 잘생기고 등 외적 요소나 개인이 보이는 능력으로 호감을 얻기도 하지만, 대부분은 다음과 같이 친구를 대하는 태도에 따라 호감을 얻습니다.

- 상냥한 태도로 이야기하기
- 좋은 일은 칭찬해주기
- 재미있게 말하기
- 친구가 어려울 때 도와주기
- 물어보면 친절하게 알려주기
- 예의 바르게 행동하기

어른들이 생각하기에는 너무 당연한 것들이지만, 아들에게는 교육해야 할 태도예요. "친구들은 어떤 아이를 좋아할까?"라고 물어보면서 친구들이 좋아하는 행동을 알려줘야 아들이 학교에 가서도 조금 더 바람직하게 행동할 수 있어요. 표현하는 태도는 저절로 나아지지 않아요. 남자아이는 표현도 가르쳐야 발전한다는 사실을 염두에 두면 좋겠습니다.

"엄마(아빠)한테 편지 썼어?"

부모님의 생일날 혹은 어버이날에 아들은 저절로 부모님을 챙기지 않아요. 나와 관련 있는 누군가의 특별한 날을 챙기는 것도 아들에게는 교육이 필요한 일이에요. 대놓고 엎드려 절 받기 같지만, 그래도 엎드려서 절이라도 받아놔야 나중에 진짜로 절해야 할 때 알아서 할 수 있거든요. 부모님의 생일날, 어버이날 혹은 특별한 어느 날, 아들이 자기 마음을 표현할 수 있도록 미리 교육시켜주세요.

도덕성

옳고 그름을 구분하는 힘

'법 없이도 살 수 있는 사람'은 도덕성을 가진 사람을 일컫는 말이에요. 법, 예절, 도덕처럼 사회를 지탱하는 것들. 법은 최소한의 필수적인 규범이고, 예절은 강제성 없이 관습적으로 사람들이 지키고 있는 규범이에요. 도덕은 개인의 양심이 작동해서 지키는 제일 큰 범주의 규범이지요. 그래서 도덕적인 사람은 법 없이도 살 수 있어요. 양심에 따라서 행동하기에 스스로에게도, 다른 사람들에게도 모범이 되니까요. 아들이 도덕성을 가진 멋진 어른으로 성장하려면 부모는 무엇을 고민해야 하는지 함께 살펴봅니다.

아들의
도덕성 발달 단계

아들은 자기가 하고 싶은 일에 충동적으로 달려드는 경향이 있어요. 그래서 부모가 하지 말라고 하면서 혼을 내는데도 개의치 않고 자기 마음대로 행동하는 경우가 많지요. 그럴 때 부모가 아들에게 건네는 단골 멘트가 있습니다.

"그렇게 하면 나쁜 거야."
"그렇게 하면 혼날 줄 알아!"

큰 소리로 이런 말을 하면 아들은 고분고분해지기도 해요. 한두 마디에 불과하지만, 효과는 아주 좋지요. 그렇다면 이런 말에는 어떤 힘이 있을까요? 아들은 무엇 때문에 부모의 이런 말에 반응할까요? 별것 아닌 것처럼 보이지만, 이런 말에는 아주 큰 힘이 숨어 있어요. 바로 죄의식과 두려움입니다. 죄의식과 두려움은 아들을 통제하기에 가장 손쉬운 수단이에요. 특정한 행동을 죄로 규정하고, 이를 어기면 처벌이 따라오기 때문에 아들은 처벌이 두려워서 혹은 죄를 짓는 무거운 마음을 피하고자 조심히 행동하게 되니까요. 만약에 이렇게 자란 아들에게 처벌이 사라진다면 어떻게 될까요? 규범을 지킬 필요가 없어지겠지요.

죄의식은 아들을 올가미처럼 조여요. 아들이 불안에 의해 움직이는 도덕의 하위 단계에 머물게 하고, 무엇을 할 때마다 '아, 이렇게 하면 벌을 받지'라고 생각하게 만듭니다. 아들이 양심에 의해 행동하는 고차원적인 도덕의 단계로 발전하지 못하게 가로막지요. 그래서 아들에게는 죄의식을 심어주기보다는 논리로 도덕을 이해시켜야 합니다. 도덕을 완전히 자기 것으로 내면화할 때 비로소 아들의 도덕성이 발전할 수 있으니까요.

콜버그의 도덕성 발달 6단계

미국의 심리학자 로렌스 콜버그Lawrence Kohlberg는 도덕성 발달을 6단계로 설명했습니다. 그리고 이 단계를 딜레마를 통해서 측정했지요. 우선 다음의 이야기를 잘 읽어보세요.

하인즈라는 사람이 있었습니다. 그는 굉장히 선량한 사람이었는데 안타깝게도 아내가 불치병에 걸려 죽어가고 있었지요. 부인을 살리려면 세상에 단 하나뿐인 200만 원짜리 약을 사서 먹여야 했는데, 사실 그 약의 원가는 20만 원도 채 되지 않았어요. 하인즈는 열심히 일해서 100만 원을 모은 다음, 약사에게 100만 원에 약을 살 수 있게 해달라고 부탁했습니다. 하지만 약사는 그의 제안을 거절했지요. 하인즈는 끝내 아내의 죽음을 두고 볼 수가 없어서 약을 훔치고 말았습니다.

이야기 속에서 하인즈는 진퇴양난의 상황에 처해 있습니다. 아내를 살리고 싶지만 약을 살 돈이 부족하지요. 그래서 하인즈는 고민 끝에 약을 훔칩니다. 하인즈는 어떤 판단으로 약을 훔친 걸까요? 이 딜레마에서 하인즈가 약을 훔친 이유는 도덕성의 발달 단계에 따라 달라집니다. 우선 하인즈가 '잘했다' 혹은 '잘못했다'를 선택한 다음, 그에 따라 다음 표에서 가장 적합한 이유를 하나 골라주세요.

하인즈의 선택	이유	
잘했다	죄는 지었지만 아내에게 좋은 남편이 될 수 있었기 때문에	
	다른 사람도 다 같이 함께 살아야 하기 때문에	
	약이 꼭 필요했기 때문에	

	약사의 행동은 공정하지 않기 때문에	▨
	생명이 가장 중요하기 때문에	▨
	약을 구해오지 않으면 아내에게 욕먹을 수도 있기 때문에	▨
잘못했다	약사에게 폐를 끼쳤기 때문에	▨
	약사가 노발대발할 수도 있기 때문에	▨
	약을 훔쳐서 다른 사람들에게 욕을 먹었기 때문에	▨
	약사를 더 설득해보지 않고 빼앗았기 때문에	▨
	정의롭지 않았기 때문에	▨
	훔치는 일은 법을 어긴 행동이기 때문에	▨

선택한 이유에 따라 다음의 표를 살펴보면 도덕성 발달 단계를 알 수 있어요.

단계	하인즈의 선택	이유
1단계	잘했다	약을 구해오지 않으면 아내에게 욕먹을 수도 있기 때문에
	잘못했다	약사가 노발대발할 수도 있기 때문에
2단계	잘했다	약이 꼭 필요했기 때문에
	잘못했다	약사에게 폐를 끼쳤기 때문에

3단계	잘했다	죄는 지었지만 아내에게 좋은 남편이 될 수 있었기 때문에
	잘못했다	약을 훔쳐서 다른 사람들에게 욕을 먹었기 때문에
4단계	잘했다	약사의 행동이 공정하지 않기 때문에
	잘못했다	훔치는 일은 법을 어긴 행동이기 때문에
5단계	잘했다	다른 사람도 다 같이 함께 살아야 하기 때문에
	잘못했다	약사를 더 설득해보지 않고 빼앗았기 때문에
6단계	잘했다	생명이 가장 중요하기 때문에
	잘못했다	정의롭지 않았기 때문에

표에서 가장 하위 단계는 1단계이고, 가장 상위 단계는 6단계입니다. 1단계에서 시작해 6단계로 발달한다는 것이 콜버그의 도덕성 발달 이론의 핵심이지요. 콜버그의 이론에서 도덕성 발달은 1단계부터 6단계까지로 나뉩니다. 1단계와 2단계는 '전인적 수준'으로 인습 이전의 수준을 의미해요. 여기서 말하는 인습은 인간의 사회 규범, 관습, 도덕, 법률 등을 말하지요. 1단계는 처벌을 피하고자 규칙을 지키는 단계이고, 2단계는 상을 받기 위해 규칙을 지키는 단계예요. 도덕성 발달의 1, 2단계는 주로 아이들에게서 나타납니다. 아들이 1, 2단계라도 놀라지 마세요. 보통 아이들의 수준이거든요.

3단계와 4단계는 사회적 규범을 중요하게 여기는 수준이에요. 3단계는 다른 사람에게 비난을 받지 않기 위해 도덕을 지키는 단계, 4단계는 사회의 질서 유지를 위해 도덕을 지키는 단계지요. 대부분의 성인이 도덕성 발달의 3, 4단계에 속해 있습니다.

5단계와 6단계는 고차원적인 도덕의 수준이에요. 자율적으로 도덕을 지키는 단계지요. 5단계인 사람들은 법 없이도 살 수 있어요. 법을 넘어서는 도덕적인 가치를 지키기 때문이에요. 성인 중 20%만이 5단계에 도달한다고 해요. 6단계에 이르는 사람들은 정말 위대한 사람들이에요. 이 단계에 속한 사람들은 인간의 존엄성이나 평등과 같은 윤리적 가치를 지키며 사는 일에 삶의 의미를 두지요. 6단계까지 이르는 사람은 정말 드뭅니다.

아들의 도덕성 발달 단계를 끌어올리는 방법

아들의 도덕성 발달 단계를 끌어올리려면 부모는 어떻게 교육해야 할까요? 아들의 도덕적 판단력을 길러주려면 문제 상황에 대해 생각해보는 시간을 많이 가져야 해요. 일상생활에서 마주칠 수 있는 여러 가지 갈등 상황을 제시한 다음, 함께 이야기해보는 것이지요. 다음의 상황이 좋은 예가 될 수 있습니다.

"장난감을 갖고 놀고 있는데, 형이 힘으로 빼앗으려고 하면 어떻게 해야 할까?"

"그림을 그리고 있는데, 친구가 이상하다고 놀리면 어떻게 해야 할까?"

처음에 아들은 어려워할 수 있어요. 이런 상황에 대해 단번에 자기 생각을 논리적으로 말할 수 있는 남자아이들은 드물기 때문이지요. 그래서 저녁을 먹을 때나 시간이 날 때 상황을 제시한 다음에 선택지를 주면서 대화를 시작하는 것도 좋은 방법이 될 수 있어요. "장난감을 갖고 놀고 있는데, 형이 힘으로 빼앗으려고 하면 어떻게 해야 할까?"라고 물었을 때 아들이 머뭇거린다면,

① 엄마나 아빠에게 이야기한다.
② 힘으로 다시 빼앗아온다.
③ 큰 소리로 "하지 마!"라고 이야기한다.
④ 형이랑 싸운다.

이런 선택지를 주면서 하나씩 차근차근 이야기를 나누면 돼요. 구체적인 예시를 주면서 대화를 하면 아이는 조금 더 편안함을 느껴요. 장면이 머릿속에 그려지기 때문이지요. 이렇게 예시를 주면서 이야기를 하다가 나중에는 자기 생각을 예시 없이 이야기하는 것까지 훈련이 되면 아이는 자신의 선택을 여러 이유를 들어 말해 줄 수 있을 거예요.

생각하는 훈련이 켜켜이 쌓이면 아들에게는 문제 상황을 마주했을 때 전과는 다르게 대처할 힘이 생겨요. 이와 같은 과정은 마치 운동선수가 이미지 트레이닝을 하는 것과 비슷하지요. 경기 시작 전 경기에서 나올 법한 여러 가지 상황을 머릿속에 떠올려 자신이 할 수 있는 최선의 플레이를 상상해보는 과정, 이런 과정이 아들의 도덕적 판단력과 실행력을 기르는 데 도움이 됩니다. 한 번이라도 생각해본 상황은 대처하기가 수월하거든요. 아들이 도덕적인 갈등을 겪기 전에 먼저 이미지 트레이닝을 시켜주세요. 그러면 아들은 훨씬 노련하고 세련된 방법으로 갈등을 헤쳐나갈 수 있을 것입니다.

"왜 그렇게 하면 안 될까?"

도덕성에도 단계가 있어요. 아이가 규칙을 지키는 행동은 같지만, 그 행동을 하기까지의 사고 과정은 각자 다를 수 있습니다. 어떤 아이는 처벌이 두려워서, 어떤 아이는 다른 사람을 배려해야 하니까, 어떤 아이는 보다 나은 세상을 위해서… 행동의 원인에도 이유가 있지요. 도덕성을 키워주려면 도덕적 사고 과정도 함께 키워줘야 해요. 실천 의지도 중요하지만, 도덕적인 사고가 받쳐줘야 어떤 상황에서도 합리적으로 판단하고 실천할 수 있기 때문이에요.

부모에게는
단호함이 필요하다

아들에게 도덕성을 길러주려면 인지, 정서, 행동의 세 가지 요소가 두루 발달하도록 도와줘야 해요. 인지 능력은 도덕적인 판단을 가능하게 해줍니다. 앞서 언급했듯이 상황에 따라 판단하는 연습이 구체적인 예가 되겠지요. 정서 능력은 양심을 느끼고 다른 사람을 위하는 마음을 갖게 해줍니다. 이런 마음은 부모가 아들을 진심으로 이해하고 차분히 타이르면서 키워줄 수 있어요. 도덕적 행동은 일상생활에서 규칙을 지키는 힘이에요. 아들의 도덕성 발달에 있어 아주 중요하지요. 하지만 아들에게 규칙을 지키는 습관을 잡아주는 건 생각보다 쉽지만은 않아요. 여자아이들은 부모님이나 선생님과의 관계를 굉장히 중요하게 여기기 때문에 어른들과 좋은 관계를 유지하기 위해서라도 규칙을 잘 지키려고 노력해요.

반면에 남자아이들은 개인적인 성향의 차이는 있지만, 대부분 다분히 독립적이어서 관계 때문에 규칙을 지키기보다는 자기가 하고 싶은 대로 행동하는 경우가 많지요. 그래서 부모는 규칙을 지키지 않는 아들을 보면서 답답해하고, 참다 참다 윽박지르는 일도 있습니다.

부모가 가장 지양해야 할 태도, 가짜 단호함

아들에게는 윽박지르고 큰소리로 혼내는 일이 가장 안 좋아요. 자기가 잘못한 상황에서 어른이 강압적인 방법으로 혼내면 그걸로 잘못에 대한 책임을 졌다고 오해하거든요. 때로는 부모의 억압적인 언행에 '피해를 입었다'라고 생각하게 될 수도 있어요. 그래서 아들이 잘못했을 때는 스스로 잘못했다는 사실을 인지적으로 이해시키고 성찰할 수 있도록 도와줘야 해요. 부모가 아들을 혼내면 순간적으로 움찔하니까 반성한다고 착각할 수 있지만, 잘못한 다음에 화를 내는 것은 더 큰 문제 행동을 불러일으키는 악순환의 방아쇠가 된다는 사실을 유념해야 해요. 또 하나 경계해야 할 것은 부모가 아들을 혼내면서 "~(안) 하면 ~(안) 하겠다"라고 말하고 후속 조치가 없는 태도예요.

"너 지금 방 청소 안 하면 밖에서 못 놀게 한다."

"너 한 번만 더 친구들이랑 싸우면 가만 안 둘 줄 알아."

아들은 알고 있어요. 굳이 방 청소를 안 해도 실랑이를 하다 보면 엄마가 밖에서 놀게 해줄 거라는 사실을요. 이런 협박을 빈번히 들으면서 자란 아들은 부모가 정말로 그렇게 할지 안 할지를 파악하게 돼요. 특히, 부모의 기가 약해 말을 뱉어놓고 실행하지 못한다면 아들은 그 말이 빈말이라는 사실을 본능적으로 알아요. 즉, 말로만 혼내고 후속 행동이 없는 것 또한 규율 잡힌 생활을 가로막는 걸림돌이에요. 윽박지르기나 빈말 같은 가짜 단호함은 아들의 도덕성 발달을 위해서 부모가 가장 지양해야 할 태도입니다.

살아 있는 규칙을 정하는 방법

아들에게 필요한 것은 규칙이에요. 규칙이라는 울타리가 있어야 자율적으로 지킬 것을 지키면서 살아갈 수 있거든요. 그래서 부모는 아들에게 말 한마디를 하더라도 빈말보다는 정말로 지켜야 할 것을 말해줘야 해요. 또 말한 것은 반드시 그에 따른 책임이 있다는 사실을 알게 해줘서 '아, 이렇게 하면 이런 결과가 따라오는구나'를 인식시켜야 하지요. 그래야 규칙이 살아 있을 수 있어요. 아들이 지켜야 할 규칙을 정할 때는 함께 충분히 이야기를 나누는 것이 좋아요. 아들은 일방적인 규칙보다는 서로 합의해서 만든 규칙을 더 잘 지키기 위해 노력하거든요. 행여 규칙을 지키지 않아서 자신이 나쁜 결과를 받아들여야 할 때도 실랑이를 덜 할 수 있기에 규칙에 대한 합의는 꼭 필요합니다. 아들과 다음과 같은 대화를 통해 규칙을 정해보세요.

엄마 　민우야, 우리 게임 시간이 너무 초과하는 것 같아. 주말에 1시간 30분을 한 다음에 슬금슬금 5분이나 10분을 더 할 때가 많은데, 그럴 때는 어떻게 해야 할까?

민우 　음… 그럼 다음 게임 시간에서 더 한 만큼 제외하고 게임을 하면 되지 않을까요?

엄마 　그것도 방법이 될 수 있겠네. 그런데 그러면 너한테 딱히 손해는 아니어서 그냥 조금 더 하고 다음에 덜 하지 하는 마음이 생기지 않을까? 원래보다는 조금 더 많이 게임 시간을 줄여야 하지 않을까?

민우 　음… 그럼 게임을 더 한 만큼의 두 배는 어떨까요?

엄마 　그래? 그럼 초과한 시간의 두 배만큼을 다음 게임 시간에서 차감하는 거다.

민우 　네.

엄마 　그럼 우리 여기 포스트잇에다 '게임 시간을 초과할 때는 다음 게임 시간에서 두 배만큼 차감함' 이렇게 적어놓자.

민우 　네.

엄마 　이 포스트잇은 냉장고 앞에 붙여놓을게.

아들과 함께 대화로써 규칙을 정한 다음, 포스트잇에 적어서 잘 보이는 곳에 붙여놓으면 나중에 혹시라도 실랑이할 때 조금 편하게 이야기할 수 있어요. 포스트잇을 가리키면서 "저거 봐. 우리가 같이 얘기해서 정한 거잖아"라고 말하면 다소 잠잠해지거든요. 추상적인 규칙이지만 구체물인 포스트잇에 쓰여 있어 조금 더 와닿기 때문이에요.

단호함은 태도의 엄격함이 아닌 규칙의 엄격함에서 비롯됩니다. 부드러우면서도 단호할 수 있는 이유는 우리에게 규칙이라는 도구가 있어서예요. 아들과 함께 규칙을 만들고 함께 지켜나가면, 아들에게 도덕성도 가르치면서 관계 또한 부드러워질 수 있다는 사실을 기억하면 좋겠습니다.

"안 되는 건, 안 되는 거야."

규칙을 지키는 것은 도덕성의 핵심이에요. 예절처럼 범주가 크고
약간은 덜 의무적인 규칙부터 법처럼 다소 작은 범위의 굉장히 의
무적인 규칙까지 다양한 사람들이 각자의 영역을 침범하지 않고
조화롭게 살기 위해서는 규칙이 필요해요. 인간의 사회화에서 가
장 중요하다고 할 수 있는 규칙을 지키는 태도. 부모가 먼저 되는
것과 안 되는 것을 구분해 명확하게 알려준다면 아들의 도덕성은
자라날 것입니다.

올바른 판단력이
아들에게 미치는 영향

"승열이가 먼저 했는데요?"

"그러면 나쁜 일도 똑같이 해야 하니?"

"아뇨. 그런데 진짜 승열이가 먼저 했어요. 그래서 따라 한 거예요."

"승열이가 아무리 먼저 했어도 너는 말릴 수도 있었고, 못 본 척 지나가도 됐잖아. 그런데 똑같이 따라 한 건 네 선택이야."

학교에서 돌아온 초등 3학년 민우. 학교에서 있었던 일을 재잘 재잘 이야기하다가 아뿔싸! 자기가 잘못한 일까지 이야기해버리고 말았어요. 쉬는 시간, 친구들과 장난을 치다가 선생님에게 지적을 받은 민우와 친구들. 그냥 웃어넘길 수 있는 장난이면 괜찮았겠지만, 듣고 보니 너무 심한 장난이어서 엄마는 놀랐지요.

쉬는 시간에 선생님의 눈을 피해서 화장실로 간 남자아이들. 대변 보는 칸 문을 발로 차고, 그 칸 안에 들어가서 문을 잠근 다음에 칸막이를 넘어서 다른 칸으로 넘어가는 장난을 쳤어요. 대변을 보는 아이가 없어서 다행이었지, 만약 다른 아이가 있었다면 그 아이 엄마와 신경전으로까지 이어질 수 있었던 상황이었지요. 정말 위험한 장난이었어요. 칸막이가 꽤 높은데, 그 위로 올라가는 건 별것 아닌 것처럼 보이지만 자칫 다리를 헛디디면 떨어져서 크게 다칠 수도 있는 상황이 생길 수도 있었어요. 민우의 말을 다 듣고 난 엄마는 아찔한 마음이 들었지요.

초등 남자아이들은 대부분 또래의 영향을 많이 받기 때문에 친구들이 무엇을 하고 있느냐가 우리 아들이 무엇을 하고 있느냐로 귀결되기도 해요. 장난에도 판단이 필요한 이유지요. 판단력은 도덕성 발달에 많은 영향을 미치기 때문에 판단력을 기르는 교육은 무엇보다 중요해요. 남자아이들의 장난, 민우만의 문제는 아니에요. 초등 남자아이들은 장난을 좋아하니까요. 하지만 어떤 장난은 해도 되고, 어떤 장난은 하지 말아야 하는지 판단하는 일이 우선이에요. 서로 즐겁고 재미있는 장난은 해도 되겠지만, 나만 즐겁고 재미있을 뿐, 다른 사람을 다치게 하거나 기분 나쁘게 만드는 장난, 규칙을 어기는 장난은 장난이 아니라 폭력이거든요. 그래서 아들에게 올바른 판단력을 길러주는 것은 중요합니다.

아들은 장난에도 교육이 필요하다

한두 번 교육해서 해결되는 문제라면 부모도 크게 걱정하지는 않을 거예요. 가르치고 또 가르쳐도 아들은 돌아서면 그만일 때가 부지기수거든요. 그래서 또 학교에서, 아니면 동네 놀이터에서 친구들과 장난을 하다가 문제가 생기기도 해요. 그렇다고 손 놓고 교육하지 않으면? 문제가 생길 확률이 훨씬 늘어날 거예요. 딱히 효과가 없는 것 같아도 일단은 아들에게 장난에 대한 교육, 장난하기 전에 생각해야 하는 이유에 대한 교육은 자주 해줄 필요가 있어요. 그래야 어느 순간에 무의식적으로 '판단하고 생각해야 한다'라는 것을 떠올릴 수 있을 테니까요.

🪐 ① 위험한 일인지 판단하기

아들이 하는 위험한 장난에는 무엇이 있을까요? 민우처럼 화장실 칸막이를 올라갔다가 내려오는 일, 높은 곳에서 뛰어내리는 일 등은 위험한 장난의 대표적인 사례예요. 그리고 복도에서 뛰어다니는 것도 생각보다 훨씬 위험해요. 'ㄱ'자로 이어진 복도나 계단에 접해 있는 복도에서 아이들끼리 뛰다가 충돌하는 사례가 종종 있거든요. 아들은 때때로 위험한 일이 재미있다고 생각해서 그냥 하고 싶어 하기도 해요. 하지만 그런 일이 자신의 안전에 미치는 영향을 판단하고 뒷일을 생각할 수 있다면 그 일을 할 확률은 조금이라도 줄어들겠지요.

🪐 ② 다른 사람에게 해가 되는 일인지 판단하기

장난이 다른 사람에게 해가 된다면 그것은 장난이 아니라 폭력의 범주에 들어갈 수 있어요. 예를 들어, 민우가 화장실 칸의 문을 발로 찼는데, 그 안에 다른 아이가 있었다면 그것은 장난이 아니라 폭력적인 행동이 되는 거예요. 친구들을 웃기게 하려고 다른 친구를 놀린다면 그것 또한 명백한 폭력이에요. 그래서 재미있으려고 하는 행동이 누군가에게 피해를 주는 일을 경계하도록 평소에 가정에서도 교육이 필요해요.

🪐 ③ 규칙을 위반하는지 판단하기

초등 아이들이 나무를 꺾거나 놀이터의 놀이기구를 샌드백 삼아 발로 차면서 놀고 있다면 이런 일은 어떻게 봐줘야 할까요? 아이들은 장난이라고 하겠지만, 장난의 범주에 속할 수 없는 일은 부모가 사전에 반드시 교육해야 해요. 그래야 나중에 자라서도 '하지 말아야 하는 일'은 하지 않는다는 단단한 마음을 가지게 될 테니까요.

종종 신문이나 뉴스의 사회면을 보면 초등학생의 '장난'이 메인을 장식할 때가 있어요. '민식이법 놀이'라고 부르며 스쿨 존 횡단보도에서 대大 자로 드러눕는 아이들, 친구의 목을 조르고 나서 지적하면 "장난이었다"라고 말하는 아이들… 여러 매체를 통해 회자되는 일의 주인공이 우리 아이가 아니었으면 하는 것이 모든 부모의 바람이에요. 아들의 행동이 규칙의 범위 안에서 이뤄질 수 있도록 꾸준히 교육해주면 좋겠어요. 그러면 아들은 자기 행동을 판단하면서 제대로 행동할 수 있을 테니까요.

"친구가 한다고 똑같이 따라 하면 안 되지."

친구가 하는 장난을 아무 생각 없이 함께하고 싶은 아들. 옳고 그름을 떠나서 재미있어 보이면 머리보다는 몸이 먼저 반응하는 것이 아들의 일상이에요. 친구가 하는 장난, 내가 하고 싶어 하는 장난. 그 장난이 다른 사람에게 해가 되는 일은 아닌지, 누군가에게 피해를 주는 일은 아닌지 생각해서 이야기해줘야 해요. 그리고 또 하나, 누가 한다고 해서 똑같이 따라 하지 않도록 이야기해주는 일도 필요합니다.

도덕성을 발달시키는
부모의 태도

"이, ×××야!"

초등 4학년 민우 엄마는 학교 폭력 조사를 하던 도중, 책상 위에 있던 물건을 집어 던지고 말았어요. 선생님이 민우가 친구들에게 폭력을 행사했던 사실을 엄마에게 말하던 중이었지요. 아들의 행동에 화가 난 민우 엄마는 붉어진 얼굴로 연신 욕을 하며 물건을 집어 던졌어요. 상담은 잠시 중단되었고, 그렇게 화를 가라앉힌 후에도 민우 엄마는 욕에 대해 사과하지 않았어요. 민우에게도, 선생님에게도 말이지요.

학교 폭력 업무를 담당하며 여러 아이를 만났어요. 다른 아이에게 폭력을 행사한 아이들의 부모님을 만나보면 역시 여러 부류가 있더군요. 고개를 떨구며 아들의 행동을 부끄러워하는 부모님, 아들의 행동을 크게 나무라며 화를 내는 부모님, "내 자식은 그럴 리가 없다"라며 사실을 부인하는 부모님… 같은 일이 일어났지만, 그것을 대하는 태도는 제각각이에요. 아들의 잘못된 행동을 인정하고 상대 아이와 부모님에게 사과하는 분들은 이후 아이가 제자리로 돌아와 바르게 자라는 모습을 볼 수 있어요. 반면에 불같이 화를 내며 엄포를 놓거나, "내 자식은 그럴 리가 없다"라며 길길이 뛰는 부모님을 둔 아이들은 이후에도 계속 다른 일로 상담을 받는 모습을 심심치 않게 볼 수 있습니다. 행동에 개선이 없기 때문이지요.

부모의 강압적인 태도가 나쁜 이유

민우는 집에서 엄마에게 꼼짝도 못 하는 아이였어요. 엄마가 굉장히 무섭거든요. 어느 날, 민우에게 학교 폭력 사안이 발생해 상담을 하게 되었지요. 민우와 상담을 마치고 민우 엄마와도 상담을 하게 되었어요. 상담이 끝나갈 때쯤 가정에서 아이한테 조금 부드럽게 대해주시는 게 좋겠다고 이야기를 하니, 민우 어머니는 단칼에 이렇게 대답했어요.

"제가 알아서 할게요. 선생님!"

이야기를 듣고 나니 민우가 바뀌기는 힘들겠다는 생각이 들었어요. 집에서 스트레스를 받고 오면 학교에서 부적절한 방식으로 힘든 마음을 풀 수밖에 없으니까요. 민우는 학교에서 수시로 말썽을 부렸고, 몇 건의 학교 폭력 사안에도 연루되었지만, 집에만 가면 완전히 순한 양이었어요. 집에서는 순한 양, 학교에서는 고삐 풀린 망아지. 민우의 이중생활은 그렇게 초등학교 시절 내내 계속되었지요.

학교에서 말썽을 부리는 남자아이들 중 적지 않은 수가 가진 공통점이 있어요. 강압적인 데다 무섭기까지 한 부모님이 뒤에 버티고 있다는 거예요. 말을 순화시켜서 '강압'이라고 표현했지만, 사실은 폭력적인 부모님이라고 표현해야 더 맞는 것 같아요. 부모님이 무서우면 아들은 엇나가기가 쉬워요. 부모님이 무서우면 아들은 부모님의 눈을 피하고자 그 순간만 모면하고, 대부분의 시간을 보내는 학교에서는 자기 마음대로 행동하는 경향을 보입니다. 더 안타까운 점은 집에서 부모님이 윽박지르는 일, 손을 대는 일을 많이 경험한 아이는 학교에서 선생님이 하는 말을 우습게 안다는 거예요. 그런 아이는 선생님이 있는데도 교실에서 멋대로 행동하는 경향이 두드러지지요. 문제가 생기면 부모님에게 거짓말로 "저는 안 했어요"라고 하니, 오히려 부모님이 선생님에게 "왜 우리 아이 말을 안 믿으세요?"라고 따지는 경우도 많고요. 이런 아이들은 개선은커녕 통제도 되지 않아서 시간이 지날수록 점점 나빠진다는 사실이 안타까울 뿐이에요.

자기 일을 숨기는 아들의 심리

남자아이들은 자주 문제를 일으켜요. 그리고 그런 문제를 바로 잡는 과정에서 성장하지요. 아들이 문제를 일으켰을 때 부모가 꾸짖고 질책만 한다면 아들은 부모의 눈을 피해 숨게 돼요. 그러면서 마음은 점점 곪아버리고요. 독일의 소설가 헤르만 헤세의《데미안》에는 이러한 상황이 아주 자세히 나옵니다. 주인공 싱클레어는 일곱 살 때 동네 골목대장 크로머에게 거짓말을 해요. 싱클레어가 크로머에게 자기도 동네 복숭아밭에서 무엇을 훔친 적이 있다고 허세를 부린 것이지요. 크로머는 그 일을 빌미로 싱클레어에게 몹쓸 짓을 시키고 돈까지 훔쳐 오라고 합니다. 하지만 싱클레어는 부모님에게 이 사실을 이야기하지 못해요. 혼날 것이 뻔하기 때문이지요. 그래서 혼자 끙끙거리며 가슴앓이를 하게 됩니다.

싱클레어가 겪은 일은 남자아이들에게 종종 일어날 수 있어요. 도덕적으로 옳지 않은 일에 휘말릴 수도 있고, 나쁜 친구들과 어울려서 문제를 일으킬 수도 있지요. 이때 부모는 아들에게 기댈 언덕이 되어줘야 합니다. 가끔 문제를 일으키더라도 무작정 윽박지르고 혼내는 건 좋은 방법이 아니에요. 합리적인 방법으로 훈육을 해서 다음에는 그런 일이 없도록 조심하게 하는 편이 더 낫지요. 잘못했을 때 부모에게 눈물이 쏙 빠지게 혼나는 남자아이들이 많습니다. 아빠가 다그치거나 엄마가 소리를 지르면서 온 정신을 빼놓지요. 아주 드물기는 하지만 어떤 남자아이들은 부모의 폭력적인 태도로 인해 말문을 닫아버리는 선택적 함구증 증세를 보이는 일도 있어요.

부모는 아들이 잘못했다면 명확한 이유를 들어 차분하게 설명해야 해요. 소리를 지르거나 체벌하는 일은 겉으로는 아들의 행동을 아주 손쉽게 고쳐주는 것처럼 보이기도 하지요. 하지만 아들에게 미치는 부작용을 생각한다면 소리를 지르거나 체벌하는 일은 가장 경계해야 할 일 중의 하나예요. 아들의 도덕성을 길러주기 위해서 시행한 강압적인 훈육과 체벌이 '문제아'라는 이름의 부메랑이 되어 돌아올 수도 있기 때문입니다.

아들이 받아들일 수 있는 스트레스는 고무풍선에 담긴 공기의 양과 같아요. 학교에서 빵빵하게 고무풍선을 채워 오면 집에서는 공기를 좀 줄여줘야 하는데, 어쩐 일인지 집에서 더 공기를 빵빵하게 채워 오니 학교에서는 "펑!" 하고 터질 수밖에 없지요. 그래서 가정에서는 최대한 아이의 스트레스를 살피면서 무엇이든 합리적으로 가르쳐야 한다는 사실을 늘 염두에 둬야 합니다. 그래야 학교에서도 사회에서도 남들과 어울리며 자기 몫을 해내는 어른으로 자랄 수 있을 테니까요.

"무엇을 배웠을까?"

아들의 도덕성은 부모의 강압적인 태도가 아니라 성찰을 통해서 자라나요. 실수하는 과정에서의 성찰은 아들의 도덕성을 한 단계 끌어올리는 기회로 작용하지요. 그러니 아들이 실수했을 때, 그 일을 책임지게 하는 동시에 실수를 통해서 다음에는 어떻게 할 수 있을지 생각해보도록 도와주세요. 이렇게 얻은 교훈은 잊히지 않을 살아 있는 배움이 될 테니까요.

요즘 아들을 위한 '네티켓'

초등 5학년 민우는 졸지에 학교 폭력 가해자가 되었어요. 반 친구들과 단톡방에서 한 친구에게 욕을 했거든요. 단톡방에서 다른 아이들이 욕하는 것을 보고 민우도 "ㅋㅋ"라고 남겼는데, 집단 사이버 폭력으로 신고를 당한 것이었어요. 민우가 있던 단톡방에서는 어떤 대화가 오갔을까요?

학생 1님이 승열이님을 초대했습니다.

학생 1
(가해자) 승열이 바보 같지 않냐?

학생 2
(가해자) 찐따 새끼

학생 1
(가해자)
> 야, 승열이~ 말 좀 해봐.

승열이님이 단톡방을 나갔습니다.
학생 1님이 승열이님을 초대했습니다.

학생 1
(가해자)
> 너 또 나가도 계속 초대할 거야. 못 나가 너.

> 그만해. 승열이
(피해자)

학생 2
(가해자)
> 뭘 그만해, 병신아.

민우
(가해자)
> ㅋㅋ

단톡방을 보면 민우는 'ㅋㅋ'라고 단 두 글자만 남겼어요. 이에 비해 다른 아이들의 말은 누가 봐도 공격적이었지요. 민우는 공격적인 말과 욕설이 오가는 중에 동조하는 뉘앙스의 말을 남겼을 뿐이었어요. 모르는 사람이 들으면 'ㅋㅋ 두 글자에 학교 폭력 가해자가 된다고?'라고 생각할 수 있겠지만, 앞뒤 정황과 맥락을 파악하고 나면 'ㅋㅋ' 두 글자로도 집단 사이버 폭력의 가해자가 될 가능성은 충분해요.

스마트폰과 메시지 사용법 교육하기

2023년 한국언론진흥재단의 어린이 미디어 이용 조사에 따르면 만 3~9세 어린이의 스마트폰 사용 시간은 하루 평균 1시간 3분이었습니다. 그중에서 21.9%에 해당하는 13분이 메시지나 메신저를 이용하는 시간이었지요. 아이들의 스마트폰과 메시지 이용은 점점 늘어나고 있고, 민우의 사례처럼 단톡방을 통한 친구들과의 소통 시간도 점점 늘어나고 있습니다. 여기서 주목해야 할 점은 아이들끼리 소통을 하면서 아무 문제가 없으면 좋겠지만, 사이버 공간에서 일어나는 폭력적인 언행이나 부적절한 소통을 걸러내기가 힘들다는 거예요. 문제가 일어나고 나서야 뒤늦게 '아차' 하는 경우가 대부분이니까요. 교육부의 2023년도 학교폭력실태조사에 따르면 학교 폭력의 유형 중 사이버 폭력의 비율은 6.9%예요. 학교 폭력 사안이 100건이라면 그중 6~7건은 사이버 폭력으로 적지 않은 비중을 차지한다는 사실을 알 수 있지요.

가장 좋은 해결 방법은 아이들의 스마트폰 사용 시점을 지연시키는 일이에요. 초등학생은 스마트폰이 크게 필요하지 않아서 최대한 늦게 사주는 것이 좋아요. 그렇지만 스마트폰이 아니라 핸드폰을 사용하는 아이들도 메시지는 쓰기 때문에 메시지를 보낼 때 주의해야 할 점을 가정에서 충분히 교육시켜주세요. 특히 단체로 메시지를 주고받을 때 아이가 지켜야 할 원칙을 충분히 교육해야 나중에 민우처럼 곤란한 상황을 겪지 않을 수 있습니다.

- 상대방에게 욕설을 섞어서 대화하지 않는다.
- 다른 아이들이 욕하거나 거친 대화를 할 때 똑같이 따라 하지 않는다.
- 상대방의 기분을 나쁘게 하는 언행을 하지 않는다.

    (예) 동물에 빗대어 표현하기 등
- 단톡방에서 다른 아이들이 공개적으로 욕설을 해도 절대 동조하지 않는다.
- 단톡방에서 다른 아이들이 욕을 한다면 그 상황을 캡처해서 저장한 후, 단톡방에서 나온다.

주기적으로 인터넷 사용법 교육하기

요즘 신문이나 뉴스의 사회면을 보면 인터넷과 관련된 안타까운 기사들이 참 많아요. 무분별한 악플, 성 관련 단톡방 등 사건의 스펙트럼이 다양하지요. 특히 남자아이들은 자라면서 성에 호기심을 갖는데, 그럴 때 인터넷상에서 잘못된 방식으로 성적 호기심을 표출하기 시작하면 굉장히 어려운 상황에 직면하게 될 수도 있으니 조심해야 해요.

다만 앞으로 벌어질 상황이 두렵다고 해서 너무 앞서갈 필요는 없어요. 아들이 아직 초등학생이라면 그런 일에 대해서 잘 모르거나 아예 관심이 없을 테니까요. 그래서 '언젠가는 이런 일도 교육해야겠다'라고 생각하고 있다가, 학교나 학급에서 관련 사건이 일어나서 전체적으로 안내를 할 때나, 혹은 아이와 대화를 나누면서 다른 아이들이 인터넷상에서 저지른 나쁜 사례를 전해 들을 때 연계해서 아이에게 예방 교육을 해주는 정도면 됩니다. 예를 들어, 아들의 알림장에서 '단톡방에서 욕하지 않기'와 같은 문구를 마주한다면 단톡방에서 어떤 말이 오가는지, 언제 아이들이 욕을 하는지, 왜 단톡방에서 욕을 하면 안 되는지, 다음에 그런 일이 생기면 어떻게 해야 할지 등을 함께 이야기해보는 것이지요. 앞서나가지 않고 적절히 대응하는 게 필요한 시기예요.

요즘 아이들은 스마트폰, 그리고 인터넷과 밀접한 관계를 맺으면서 살아가요. 아들에게 일어나는 여러 가지 일이 사이버상에서도 그대로 재현되고 있다는 점에서 부모는 늘 경각심을 갖고 지켜봐야 하지요. 아들이 어른처럼 성숙하게 판단하기 어렵다는 점, 무엇보다 또래들이 잘못된 일을 하면 그게 잘못인 줄 알면서도 따라하기 쉽다는 점을 생각하면서요. 아들이 스마트폰과 인터넷 사용을 바르게 하는 '네티켓(인터넷+에티켓)'을 장착할 수 있도록 가정에서도 신경을 많이 쓰면 좋겠습니다.

"메시지는 생각해서 남기자."

요즘 아이들에게 절대적으로 필요한 사이버 윤리. 학교 폭력 사안
만 살펴봐도 신체 폭력보다는 사이버 폭력으로 신고하는 비율이
꽤 높아졌어요. 문제는 스마트폰이나 인터넷은 사람을 직접 대면
하지 않기 때문에 도덕에 대한 민감도가 상대적으로 떨어질 수 있
다는 것. 그래서 사이버상에서 활동하는 일에는 특히 주의하도록
지도해야 합니다.

아들을 잘 키우는 말은
따로 있습니다

초판 1쇄 발행 2024년 9월 20일
초판 2쇄 발행 2024년 10월 15일

지은이	이진혁
펴낸이	권미경
기획편집	최유진
마케팅	심지훈, 강소연, 김재이
표지그림	서수연 instagram.com/seosooc
디자인	어나더페이퍼

펴낸곳	㈜웨일북
출판등록	2015년 10월 12일 제2015-000316호
주소	서울시 마포구 토정로 47 서일빌딩 701호
전화	02-322-7187
팩스	02-337-8187
메일	sea@whalebook.co.kr
인스타그램	instagram.com/whalebooks

ⓒ 이진혁, 2024
ISBN 979-11-92097-91-6 (03590)

소중한 원고를 보내주세요.
좋은 저자에게서 좋은 책이 나온다는 믿음으로, 항상 진심을 다해 구하겠습니다.